Gertrud Pysall

Was Pferde wollen

Wenn wir dem Wesen der Pferde gerecht werden wollen,
Müssen wir sie lassen, wie sie sind
Und ihnen geben, was sie brauchen.

Gertrud Pysall

Gertrud Pysall

Was Pferde wollen

Über den artspezifischen und intelligenten
Umgang mit dem Pferd

Narayana Verlag

Gertrud Pysall
Was Pferde wollen
Über den artspezifischen und intelligenten
Umgang mit dem Pferd

1. deutsche Ausgabe 2012
ISBN 978-3-943309-40-9

Satz: Karin Jerg, www.karin-jerg.de
Abbildung S. 2 © Ulrike Henke
Coverabbildung und alle anderen Bilder © Gertrud Pysall
und Isabell Schmitt-Egner

Herausgeber:
Narayana Verlag GmbH, Blumenplatz 2, 79400 Kandern
Tel.: +49 7626 974970-0
E-Mail: info@narayana-verlag.de
www.narayana-verlag.de
© 2012, Narayana Verlag GmbH

WIDMUNG

Es gibt Millionen Menschen, die Pferdebesitzer sind, reiten oder einfach nur Pferde mögen. Dieses Buch ist jenen gewidmet, bei denen ich mit meinen Gedanken offene Türen einrenne, und vor allem all jenen Menschen, die durch dieses Buch besinnlich werden, die es schaffen, umzudenken, die sich bemühen, aufgrund dessen ihren Umgang mit Pferden zu verbessern, kurz, die mich mit meinem Anliegen und dadurch die Pferde dieser Welt besser verstehen.

Und außerdem widme ich dieses Buch meinem Bruder Peter Lindemann, der sich jede Woche eine Stunde Zeit für mich genommen und mir geduldig zugehört hat.
Er war für mich da, wenn ich Hilfe brauchte.
Das hat mich bei der Erstellung des Buches sehr unterstützt.

INHALT

VORWORT

Vor vielen Jahren stand ich an einem sonnigen Herbsttag nach einer schier endlos erscheinenden Zugfahrt, die meine Familie und mich aus dem tiefsten Bayern in ein 300-Seelen-Dorf am Rande der Eifel geführt hatte, im Garten unseres neuen Heims. Während die Möbelpacker unser Hab und Gut ins Haus schleppten, ließ ich meinen Blick über die angrenzenden Wiesen und Felder schweifen. Da tauchte plötzlich auf der anderen Seite des groben Maschendrahtzaunes ein Pferd auf – wunderschön, groß, dunkelbraun mit schwarzer Mähne und schwarzem Schweif und einem kleinen weißen Fleck auf der Stirn – und schaute mich freundlich an. Ich war gerade einmal neun Jahre alt und bis zu diesem Augenblick hatte ich keine erwähnenswerten Begegnungen mit Pferden

gehabt, aber nun verlor ich auf der Stelle mein Herz an „Alex". Gleichzeitig hatte ich auch Angst vor ihm, da er mir so unendlich groß und stark erschien. Dennoch wagte ich es, seine warme, weiche Nase zu streicheln und empfand dabei ein unbeschreibliches Glücksgefühl. Alex begann, mit einem Vorderhuf zu scharren und verfing sich im Zaun. Da es ihm nicht gelang, sich selbst zu befreien, bückte ich mich todesmutig und zog unter Mühen seinen großen Huf aus dem Draht. In diesem Moment wurde mir klar, dass es für mich nur einen Beruf gab: Tierärztin!

Unbeeindruckt von dem Trubel, der um mich herum herrschte, lief ich zu meinen Eltern und tat ihnen sehr ernsthaft meine Absicht kund. Sie waren die Ersten und bei Weitem nicht die Einzigen, die mich deshalb belächelten, 10 Jahre später aber eines Besseren belehrt wurden, als ich tatsächlich das Studium der Tiermedizin aufnahm.

Welch weitreichende Folgen kann die Magie der Begegnung zwischen Mensch und Pferd haben!

Wie Myriaden anderer junger Mädchen verbrachte ich in den darauffolgenden Jahren einen Großteil meiner Freizeit in Pferdegesellschaft. Reitschulen und -ställe mied ich allerdings weitestgehend und widmete mich lieber der hingebungsvollen Pflege „meiner" Pflegeponys und -pferde in Privathaltung, denn an ein eigenes Pferd war ohnehin nicht zu denken.

Mir missfiel von jeher, wie Pferde üblicherweise gehalten und wie mit ihnen umgegangen wurde. Ich spürte, dass in sehr vielen, wenn nicht gar den meisten Fällen etwas Entscheidendes fehlte: echtes Verständnis für das Pferd als Lebewesen und seine Bedürfnisse. Ein Pferd war oft lediglich ein Gebrauchsgegenstand und beliebig austauschbar. „Funktionierte" es nicht richtig, wurde es gemaßregelt, wobei es häufig nicht gerade zimperlich zuging.

Die Ausbildungsmethoden erschienen mir mehr als fragwürdig, und Horst Sterns „Bemerkungen über Pferde" taten ihr Übriges, sodass ich schließlich die Reiterei vollends an den Nagel hing.

Als Jahre später der erste „Pferdeflüsterer" als strahlender Stern am Himmel der Reiterszene aufging, schöpfte ich neue Hoffnung, allerdings blieb ein gewisses Unbehagen. Nach der Lektüre des vorliegenden Buches von Gertrud Pysall ist mir auch klar, warum: Viele sogenannte „Pferdeflüsterer" haben offenbar nicht gelernt, **mit** Pferden zu sprechen, also in einen ausschließlich in der Sprache der Pferde geführten gegenseitigen Austausch zu treten, auch wenn nach außen genau dieser Eindruck vermittelt werden soll.

Gertrud Pysalls Buch „Was Pferde wollen" wird jeden Menschen, der sich dem Pferd verbunden fühlt, zutiefst berühren. Für all diejenigen, die offen, neugierig und vielleicht sogar willens sind, sich selbst und ihr Verhalten zu hinterfragen, öffnet sich hier eine Tür zu einer einzigartigen, spannenden und in dieser Form noch nie gezeigten Welt, in der ein harmonisches Miteinander von Mensch und Pferd möglich ist und dem Pferd das Verständnis, der Respekt und die Liebe entgegengebracht wird, die diesem wundervollen Geschöpf zusteht!

In diesem Sinne wünsche ich Gertrud Pysall, dass ihr Buch weite Verbreitung finden und zu einem Umdenken in der Pferde- und Reiterszene führen möge.

Dr. med. vet. Shiela Mukerjee-Guzik

VORWORT DER AUTORIN

Schon als kleines Kind war ich fasziniert von Pferden. Mehr als jedes andere Tier zogen sie mich in ihren Bann. Keine Fury-Folge wurde ausgelassen, und in Gedanken hatte ich eine bestimmte Vorstellung von der Freundschaft und Beziehung eines Pferdes zu mir. Ein unauslöschliches Erlebnis war es dann, eines Tages bei Bekannten auf einem Pony zwei Runden in einem Hinterhof geführt zu werden. Eine Runde dauerte nicht viel länger als eine Minute, aber diese Minuten bleiben mir unvergesslich. Es war der Himmel auf Erden, der Inbegriff des Glücks – diese zwei Runden über Betonboden auf dem Ponyrücken. Ab jetzt war dies der Maßstab, dieses unbeschreibliche Gefühl. Jahre später hat sich etwas Ähnliches wiederholt, als ich in einem Dorf in der Eifel auf einem sehr breiten Kaltblut ohne Sattel durchs Dorf reiten durfte. Ich konnte gar nichts, saß glückselig auf dem Tier und es trottete brav seinen Weg mit mir bis in den heimatlichen Stall. (Dass das damals nicht ungefährlich war, war mir nicht bewusst und wäre mir sicher auch egal gewesen.) Diese beiden Erlebnisse prägten meine Vorstellungen über das Reiten und das Miteinander Mensch-Pferd. In den 50er-Jahren war Reiten ein absolutes Privileg der Wohlhabenden, und ich entschied, mit meinem ersten selbst verdienten Geld Reitstunden zu nehmen. Das tat ich dann auch 1969 in einem Reitstall in Idar-Oberstein. Nach den üblichen Longenstunden, denen ich mit freudiger Erregung entgegenfieberte, kamen dann die allgemeinen Reitstunden in einer Abteilung auf Schulpferden. Und damit begann

auch meine Ernüchterung. Ich erfuhr, wie unzufrieden die Pferde waren. Sie drohten zu beißen und zu schlagen, es standen Warnungen an den Boxen, welches Pferd man nicht anfassen solle, und ich erlebte diverse Abstürze – eigene und die meiner Mitreiterinnen, weil Pferde vom Reitlehrer mit Peitschen geschlagen wurden, um sie zu beschleunigen. Der Reitunterricht war schlecht, die Stimmung auch, der anschließende Schnaps schien wichtiger als der Rest. Man wurde angeschnauzt und die Pferde auch. So konnte ich nichts lernen und allmählich hatte ich mehr Angst und Ärger als Freude am Reiten. Mit meinem Arbeitsplatz wechselte ich auch den Reitstall. Hoffnungsvoll fing ich wieder an und fand sehr ähnliche Bedingungen und Prinzipien vor. Nach und nach testete ich alle Ställe in meiner Umgebung, konnte aber das, was ich suchte, nirgends finden: einen respektvollen und würdevollen Umgang mit Mensch und Pferd, der die Gefühle möglich machte, an die ich mich noch so gut erinnern konnte.

Der einzige Lichtblick war ein privater Reit- und Ferienhof in Oberstaufen, der Stall Schlippe, wo ich auf Privatpferden reiten durfte, wo es keinen Massenbetrieb gab, und die Familie Schlippe liebevoll und freundlich mit mir und den Pferden umging. Dadurch fasste ich wieder neue Zuversicht und verbrachte alle meine Ferien und freien Tage dort und – lernte reiten.

Später wohnte ich einige Jahre in Berlin. Dort war Reiten für mich fast unmöglich und der Traum vom eigenen Pferd auf dem Land wurde immer stärker. Ich zog aufs

Land, kaufte mir ein Pferd von einem Ferienhof und glaubte, den Traum jetzt verwirklicht zu haben. Weit gefehlt. Das Pferd war schwierig, ich wusste zu wenig (ich konnte ja nur recht gut reiten und sonst nichts).

Ich baute Hella, so hieß die Stute, eine große Box, mistete gründlich jeden Tag, führte sie auf die Wiese, beschaffte ihr Gesellschaft durch das Pferd meiner Freundin Gunda, putzte sie inbrünstig und schmuste viel mit ihr. Dennoch fasste sie zu mir nicht das Vertrauen, wie ich es mir vorgestellt hatte. Zum Beispiel wollte sie nicht mit mir alleine ins Gelände gehen und das brachte mich zum Nachdenken. Wenn all das, was ich tat, nicht reichte oder eventuell nicht das Richtige war, was war es dann? Ich wollte wissen, *was Pferde wollen*, was Pferde brauchen, um glückliche, zufriedene Pferde zu sein. Ich suchte die Voraussetzung, das mit einem Pferd erleben und spüren zu können, was ich in meiner Vorstellung gespeichert hatte: tiefes Vertrauen, ungestörtes Einvernehmen, warme Nähe ohne Angst, Stress oder Schmerz für beide Seiten. Ich hatte es doch schon gefühlt, ich wusste, dass es das gibt und wollte es dringend wieder finden.

Jetzt versuchte ich, an möglichst viele Informationen heranzukommen. Ich las in Fachzeitschriften und sprach mit Reitern,

Pferdezüchtern, Tierärzten und traf auf Manfred Pysall, der zu dem Zeitpunkt die „Hunsrücker Reiterseminare" abhielt und heute mein Mann ist. Er war auch frustriert von dem üblichen Umgang mit Pferden, den er als Reitlehrer gelernt hatte, und suchte neue Wege. Wir teilten viele Ansichten und Wünsche und gründeten eine gemeinsame Reitschule in dem kleinen Ort Ellenberg bei Birkenfeld. Im Rahmen der „Hunsrücker Reiterseminare" hielten wir Anfang der neunziger Jahre Wochenseminare ab. „Reiten ohne Angst und Stress" sowie „Reiten lernen – aber anders". Nach vier Jahren reichte uns die Ellenberger Reitanlage nicht mehr aus, und wir zogen in unsere heutige Reitschule um, hier in Spenge, mit Reithalle, Außenplatz und großzügigem Platz für 70 Pferde und Ponys mit großen Gemeinschaftsausläufen und reichlich Weiden. Hier sind wir nun seit 1994. Parallel zum Aufbau unserer Schule, dem Reitunterricht und den Seminaren, hat mich meine Erinnerung an das perfekte Gefühl mit dem Pferd weiter beschäftigt. Ich spürte, ich kann es finden, der Schlüssel musste in dem *Bedürfnis der Pferde* liegen, ich wollte herausfinden,

▸ *WAS PFERDE WOLLEN!*
_____

EINLEITUNG

Der Satz: *Was Pferde wollen* oder als Frage formuliert: *Was wollen Pferde?* wurde zu meinem Leitgedanken im Umgang mit ihnen. Schon in Ellenberg beobachtete ich unsere kleine Herde von zwölf Tieren lange und intensiv, um hinter ihr Geheimnis zu kommen, was wirklich ihr persönlicher Bedarf ist und wie sich dieser in der Herde darstellt, ob und wie er sich in den Jahreszeiten und wenn neue Herdenmitglieder dazukommen oder alte gehen, verändert.

Durch intensives Beobachten, zahlreiche Videoaufnahmen und Studien derselben in Zeitlupe, entdeckte ich feine Signale der Pferde, die sie untereinander austauschten und die so regelmäßig wiederholt wurden, dass sie für mich einen hohen Wiedererkennungswert erhielten. Ich fing an zu verstehen. Hier spielten sich Dinge ab, hier gab es Informationen, die ich noch in keinem meiner zahlreichen Pferdebücher gelesen hatte, und die anscheinend kaum oder gar nicht bekannt waren. Nach unserem Umzug nach Lenzinghausen steigerten sich meine Möglichkeiten, auf diesem Gebiet weiter zu forschen, enorm. Mit der Zeit hatten wir sechs Pferdeherden in unterschiedlichen Zusammensetzungen, insgesamt 70 Tiere. Meine Bedingungen verbesserten sich dadurch extrem, ich konnte jederzeit Filmaufnahmen von natürlichen Situationen herstellen, aber auch bestimmte Konstellationen zu Studienzwecken einrichten. In ungezählten Stunden wurden diese Beobachtungen von mir ausgewertet und katalogisiert.

Um dieses Wissen den Pferden zu Gute kommen zu lassen und an andere Menschen weitergeben zu können, entwickelte ich eine Lehre, die von uns MOTIVA genannt und 1996 in München eingetragen wurde.

Mir wurde klar, dass es in Pferdeherden eine sehr komplexe Sprache und ein ausgeprägtes Sozialverhalten gibt, wozu eine sehr genau festgelegte Hierarchie gehört. Jedes Pferd kennt seinen Platz in der Rangordnung und findet darin auch Sicherheit und Halt. Eine Pferdegesellschaft basiert auf diesem *Zusammenspiel* der einzelnen Tiere. Damit dieses Miteinander funktioniert, brauchen sie *soziale Regeln*, die dieses Zusammenleben steuern. Dabei handelt es sich grundsätzlich um einfache, überlieferte, erprobte und stabile Regeln, die sich mit dem Pferdekommunikationssystem vermitteln und einfordern lassen. Sowohl einseitige als auch wechselseitige Rechte und Pflichten werden von den erwachsenen Tieren an die jungen weitergegeben. Der Autorität der Leittiere kann man sich innerhalb der Pferdegesellschaft kaum entziehen, wodurch in der Herde eine natürliche Ordnung erhalten und somit der Fortbestand der Sozialregeln sowie der gesamten Herde gesichert wird und sich ein Bewusstsein der Zugehörigkeit entwickelt. Motiva ist die Lehre genau dieser Zusammenhänge. Sie umfasst sowohl die Kenntnis der sozialen Regeln als solche, als auch die recht weit entwickelten Ausdrucksfähigkeiten der Pferde, diese Regeln darzustellen, einzufordern und zu überprüfen. Sie schult den Menschen aber nicht nur darin, über 100 Vokabeln der Pferde zu verstehen, sondern diese auch selbst sprechen zu können. Das Motiva-Training des Menschen schließt außerdem eine Schulung in Konflikterkennung, friedlicher Konfliktlösung und kompetenter Kommunikation ein.

Aus der Formulierung „Verständigung mit Pferden" kann man das Wort Verständnis herleiten. Wir brauchen ein tiefes Verständnis für ihre Art, ihre sozialen Regeln und Rituale, ihre Instinkthandlungen, ihre Ängste und Entscheidungen, ihre Lebensform. Die zusätzliche Kompetenz, ihre Sprache zu sprechen und zu verstehen, unter Einbeziehung dieses kompletten Wissens, gibt uns die Antwort auf meine Frage: *Was Pferde wollen*, und das ist eindeutig die Erkenntnis –

▸ *SIE WOLLEN VERSTANDEN WERDEN.*

Abb.-Serie: Im Umgang mit Menschen kommunizieren Pferde immer. Sie können nicht „nicht" kommunizieren.

I. THEORIETEIL

1. DAS PFERD IN MENSCHENHAND

1. DAS PFERD IN MENSCHENHAND

Auf unserem Hof in NRW trafen wir, Manfred Pysall und ich, erst einmal einen völlig normalen Reiterhof an, mit Publikum, wie wir es aus unserer Vergangenheit kannten. Es mischten sich Westernreiter mit den sogenannten Englischreitern, die untereinander konkurrierten. Nach einer kurzen Eingewöhnungs- und Beobachtungszeit stellten wir neue Regeln auf. Eine davon war, dass auf unserem Hof Pferde nicht geschlagen werden. Außerdem untersagten wir gewisse Trainingsmethoden, in denen Pferden über Schmerz Lektionen beigebracht wurden. In kurzer Zeit suchten sich etliche einen anderen Hof, wo sie ungestört weiter machen konnten wie gewohnt. Im Laufe der Jahre konnte ich ein sehr interessantes Phänomen beobachten. Es passiert uns ständig: Neue Leute kommen auf den Hof und sind begeistert von der Atmosphäre, der Ruhe, den zufriedenen Pferden, sie beschreiben das Gefühl, in einer Oase zu sein. Es tut ihnen sehr gut, nicht mit Aggression und Angst im Umgang mit dem Pferd leben zu müssen und zu erfahren, das tut auch nicht not. Unsere Pferde, die ganz anders erzogen werden, lassen sich problemlos reiten, sind zufrieden, und strahlen Ruhe und Verlässlichkeit aus. Das wird von fast jedem genossen.

Wenn aber diese Menschen erkennen, dass die Ablehnung der traditionellen Ausbildungsmethoden gleichzeitig den Anspruch an den Menschen mit sich bringt, seine Gedanken und Taten zu überprüfen, zu verbessern und umzulernen, dann entscheidet sich manch einer, lieber den Stall zu wechseln. Obwohl die Faszination so groß ist, überwindet sie nicht immer die innerliche Hürde, sich selbst, sein Denken und sein Verhalten kritisch überprüfen und teilweise verändern zu müssen. Es fällt viel leichter, sich vorzustellen, nur das Pferd müsse lernen und anders werden. Der Mensch nicht.

In unterschiedlichen Zusammenhängen hat mich die Frage interessiert, warum man dieses oder jenes macht. Natürlich betraf das auch das Thema Mensch und Pferd. Viele der Reiter, die ich im Laufe der Zeit kennen gelernt hatte, waren freundliche, lustige Personen, doch sobald ihr Pferd nicht „funktionierte", veränderten sie sich sehr. Dieses Handeln, diese Gefühle sind *Symptome* für eine *Ursache*, die man ganz woanders suchen musste. Dafür sprach auch, dass die meisten Reiter oder Pferdebesitzer selbst keine schlüssige Erklärung für ihr eigenes Tun finden konnten. Eigentlich liebten sie ihre Tiere ja sehr. Ihre Taten zeigten im Stress das Gegenteil – und Hilflosigkeit. Ich stellte mir die Frage, was denn das Pferd jedem Einzelnen dieser Menschen bedeutet? Welche Beziehungen zeigen sich in den unterschiedlichen Konstellationen? Welche Position wird dem Pferd von ihrem Menschen zugeordnet? Jeder weiß aus dem Alltag und Berufsleben, dass wir unterschiedliche Rollen annehmen und die entsprechenden Inhalte pflichtgemäß ausfüllen. Wir sind Vorgesetzte, Mütter, Väter, Lehrer, Freunde, und dementsprechend verhalten wir uns. Das geschieht häufig, ohne groß darüber nachzudenken. Wir tun das einfach sozusagen automatisch, weil wir wissen, was die Rolle von uns erwartet. Mit seiner Position erwirbt der Mensch automatisch die damit verbundenen Pflichten, Rechte, Verantwortungen, Entscheidungsbefugnisse, soziale Anerkennung. Dieser Automatismus hilft, energie- und zeitsparend zu arbeiten.

Auch mit den Pferden entstehen Beziehungen. Menschen nehmen ihnen gegenüber ebenso ihre Positionen ein. Die Art der Beziehung bestimmt das entsprechende Handeln den Pferden gegenüber, bewusst und unbewusst! Betrachten wir hierzu einige Beispiele.

1.1 DAS PFERD ALS PARTNER

Für viele Menschen geht mit dem eigenen Pferd ein Traum in Erfüllung, ein lange gehegter Wunsch. Häufig wird einfach dem Gedanken gefolgt: *Ich will ein Pferd.* Es gibt eine romantische Vorstellung, wie man mit diesem Pferd im Sonnenuntergang reitet, wie es einem entgegen wiehert, und wie gut es sich anfühlt, von diesem Tier geliebt zu werden. Darum fängt der Pferdebesitz auch nicht selten mit einem Mitleidskauf an, einem ausgedienten Schulpferd, einem Schlachtpferd, einem kranken Pferd, gerne auch einem billigen Pferd von irgendeinem Händler. Der unausgesprochene Gedanke, wenn ich nur gut zu ihm bin, wird es mich schon lieben, schwebt über allem. Man hat so seine eigene menschliche Vorstellung von dem, was *gut zu ihm sein* heißt. Meist wird das verbunden mit Leckereien und Pülverchen jedweder Art, einem mit heller Stimme gerufenen Kosenamen (man glaubt nicht, wie viele Pferde Maus genannt werden), peinlichster Sauberkeit des Fells und glänzenden, gefetteten Hufen.

Das Wissen darüber, was gut für das Pferd ist, hat man sich durch unterschiedliche Medien erworben, vielleicht sogar ein Buch darüber gelesen und Gespräche mit diversen Reitern geführt. Aus eigenen Erfahrungen kenne ich jede Menge solcher Gespräche und Diskussionen von Reitern und Pferdebesitzern. Gut gemeint und häufig falsch gedacht.

Seit einigen Jahren, seit die Freizeitreiterei stark im Kommen ist, beherrscht ein Slogan die Reiterszene: *Mein Pferd ist nicht Sportgerät, sondern Partner.*

„Mein Pferd, mein Freund und Partner", „Partner Pferd", sind gern genommene Überschriften in Fachzeitschriften. Jedenfalls klingt das schon einmal ganz gut, und wer macht sich denn wirklich Gedanken darüber, ob das so stimmt, was man da sagt. Sich von dem „Modell Sportgerät" zu distanzieren, ist sicher richtig, Partner klingt harmonisch und fair. Ist es das auch? Tatsache ist, dass der Mensch bestimmt, wann das Pferd Essen bekommt, wann es wie arbeiten muss, ob es Freunde haben kann, ob es Auslauf hat, wo es leben darf, ob bei Krankheit ein Arzt gerufen wird oder ein Pferdezahnarzt zu teuer ist, und ob abrasierte Tasthaare für das perfekte Bild seines Kopfes nötig sind. Es hat kein Mitbestimmungsrecht oder eine Mitbestimmungsmöglichkeit. Jeder „Partner" von uns würde sich bedanken und sicherlich diese Art „Partnerschaft" in Frage stellen, weil es auch keine ist.

So wie ein kleines Kind nicht der Partner der Mutter ist, sondern ein in Abhängigkeit lebendes Wesen, das versorgt wird, so ist das Pferd auch ein Tier, für das wir Verantwortung übernommen haben und für das wir sorgen und entscheiden. Bei dem Mutter-und-Kind-Modell besteht ein natürliches Gefälle und eine Abhängigkeit des Säuglings. Die Pflichten und Verbindlichkeiten liegen weitgehend bei den Erwachsenen und erst im Zuge des „Erwachsenwerdens" übernimmt das Kind nach und nach die Verantwortung für sein Leben selbst. Ein Pferd, egal wie alt es wird, verändert durch sein Älterwerden seine Position nicht. Es bleibt in dieser Abhängigkeit. Es geht nicht in seine Selbständigkeit. Das geht auch nicht anders, weil es ein Tier ist. Diese Erkenntnis hat aber auch andere Konsequenzen. Es bleibt ein Tier. Es kann für sich keine Verantwortung übernehmen und für „seinen" Menschen auch nicht. Wir kaufen es, bezahlen dafür und entscheiden für es in jeder Hinsicht. Es ist eindeutig: Eine Partnerschaft ist das nicht. Das macht aber auch nichts, denn wie gesagt, wir leben mit dem Säugling auch keine Partnerschaft. Warum nennen wir es beim Pferd aber so, was bewegt uns dazu, warum fühlt sich das gut an? Selbst wenn es der Liebe zum Pferd keinen Abbruch tut, verfälscht es doch das Bild dieser Beziehung. Es kann dadurch Handlungsweisen kaschieren oder schönreden.

In der Ausbildung des Pferdes ist die Vorstellung der Partnerschaft eine Falle, weil sie den Menschen zu Handlungen und Entscheidungen bringt, die konsequentes Handeln und Fordern des Gehorsams einschränkt.

Um zu einer ehrlich gelebten Beziehung zu kommen, müssten wir erst einmal herausfinden, wie diese Beziehung wirklich heißt, was sie ist oder sein soll, wenn Partnerschaft nicht in Frage kommt. Das hilft uns, einen richtigen Weg im Umgang zu erkennen oder auch Fehler aufzuspüren.

Abbildung: Gertrud Pysall mit Stutfohlen Amber

1.2 DAS PFERD ALS FREUND

Es gibt noch die andere Variante: Das Pferd ist der Freund oder anders herum; man ist als Mensch der Freund des Pferdes. Auch in der Freundschaft sollte jeder von beiden Rechte haben, mitbestimmen dürfen und „Nein" sagen können, wozu auch immer. Wer viel Erfahrung mit Pferden hat, wird sofort denken: „Da wird nichts draus! Das Tier muss gehorchen, ich weiß doch schließlich, was geht und was nicht, kenne die Gefahren. Ich bin schließlich die Person mit dem größeren Verstand und Wissen um die Dinge. Wenn ich das Pferd mitbestimmen lasse, komme ich in Teufels Küche."

Wahrscheinlich hat derjenige Recht. Eine Freundschaft, wie sie zwischen zwei Menschen herrschen kann, geht nicht. Es ist vergleichbar mit dem Gedanken:

Ist der Säugling Freund der Mutter?

Damit will ich nicht sagen, Pferde hätten keine freundschaftlichen Gefühle für uns oder wir für sie. Nein, so denke ich auch nicht. Im Gegenteil, ich weiß, Pferde lieben und brauchen Zweierfreundschaften und pflegen sie inniglich mit ihren Pferdekumpanen, wenn sie denn durch unsere Haltungsbedingungen Möglichkeiten dazu bekommen. Hierzu erzähle ich gerne ein Beispiel aus unserer Zeit im Hunsrück. Wir hatten dort eine vier Jahre junge Tinkerstute gekauft und bald bekamen wir eine Knabstrupperstute namens Pünktchen dazu. Pünktchen war „weltgewandt", hatte früher schon in Bad Segeberg bei den Karl-May-Festspielen mitgemacht und sich dort in den Hengst von Pierre Price verliebt und sogar einen Sohn mit ihm gezeugt. Bei uns verliebte sich die Tinkerstu-te Mikado in Pünktchen und fortan waren sie ein Herz und eine Seele. Sie lebten ihre Zweisamkeit innerhalb eines zwölfköpfigen Herdenverbandes und es ging ihnen gut. Vor unserem Umzug nach NRW wollte eine Seminarteilnehmerin unbedingt Pünktchen haben und wir verkauften sie in der Vorstellung, dort geht es ihr gut, sie lebt komfortabel, privat mit Pferdegesellschaft und muss kein Schulpferd mehr sein. Seitdem wurde Mikado still und traurig. Sie spielte nicht mehr mit den anderen Stuten, die sie ja genauso viele Jahre kannte und die sie auch vor Pünktchen schon um sich gehabt hatte. Das legte sich auch nicht durch den Ortswechsel und es wurde sogar immer schlimmer. Sie stand innerhalb der Herde immer alleine da, pflegte sich mit niemandem und wirkte nur traurig. Im Schulbetrieb wurde sie immer lustloser und wir nahmen sie heraus und ließen sie von unserem Hengst decken, in der Hoffnung, durch die Mutterschaft und die Hormonumstellung würde alles besser. Es wurde nicht besser, sie bekam ihr Fohlen, einen jungen Hengst, der den Namen Manolito erhielt. Ich war bei der Geburt dabei und musste erleben, wie gleichgültig sie auch ihrem neugeborenen Kind gegenüber war. Er forderte sie leise auf, einmal zu wiehern, sie tat es nicht. Schlussendlich stand er auf den Beinen und bemühte sich um seine Mutter und sie wollte gar nichts von ihm. Wir mussten sie halten, damit er ans Euter durfte und erst nach Tagen hatte er es dann mit dauerndem Einsatz und Willenskraft geschafft, das Eis zu brechen und mit seiner unbedarften, draufgängerischen Art ihr Herz zu erobern.

Abbildung 1: Kerstin Eggert mit Mikado

Für sie war ihre Freundschaft zu dieser Stute Pünktchen so wichtig, dass die Trennung von ihr eine jahrelange Verhaltensänderung und Trauer bewirkte. Inzwischen lebt Mikado hier in ihrer Herde wieder auf und hat eine intensive Bindung zu einer jungen Frau, Kerstin Eggert, aufgebaut, die daraufhin Mikado kaufte und ihr eine lebenslange Freundschaft zu einem Menschen möglich macht. *(Abb. 1)*

Meiner Erfahrung nach ist es recht unterschiedlich, was umgangssprachlich unter Freundschaft verstanden wird. Jeder hat da so seine Gedanken, was er damit meint und seine Erwartungen an den FREUND. Wir alle gehen mit Freundschaftsbegriffen um. Vom Geschäftsfreund über den Brieffreund bis zum besten Freund und haben eine eigene Vorstellung von den jeweiligen Inhalten der Freundschaften, den Rechten und den

Pflichten, die sich daraus ergeben. Manche Menschen neigen dazu, dem anderen mehr die Pflichten und sich selbst eher die Rechte zuzuordnen und sind enttäuscht, wenn es anders kommt, als es aus dieser Aufteilung zu erwarten ist. Der Freund soll Zeit haben, Verständnis und Geduld für die Unzulänglichkeiten, Schwächen und Marotten; kompetente Ratschläge geben können und im richtigen Moment trösten oder stärken. Er soll für den anderen da sein! Gilt das auch für Pferd und Mensch in einer Freundschaftsbeziehung?

Nicht selten habe ich die Enttäuschung eines Pferdebesitzers erlebt, der den Anspruch an Freundschaftsgefühle seines Pferdes stellt und das Verhalten seines Tieres als nicht-freundschaftlich bis undankbar interpretiert.

Beispiel: Eine Pferdebesitzerin betrat die Box ihres Pferdes, begrüßte ihr Pferd freundlich mit Worten, das sich abwendete. Es ging in die hintere Ecke und drehte sich von ihr weg. Das geschah mehrere Tage hintereinander. Im Rahmen eines Kurses fragte sie mich, was da los sei, eigentlich sei ihr Pferd ja brav und lieb und wolle auch mit ihr zusammen sein. Aber bei der Begrüßung immer das gleiche Theater. Sie war enttäuscht, dass ihre Liebe so beantwortet wurde. Ich begleitete sie zur Box und schaute mir das Begrüßungsritual an. Es geschah genau das, was mir zuvor beschrieben wurde. Das Pferd ging weg und wendete sich ab. Das Problem war im Handumdrehen gelöst. Die Frau hatte gewohnheitsmäßig beim Betreten der Box eine Kopfbewegung gemacht, um ihr Haar aus der Stirn zu schleudern. Das ist in Pferdesprache die Aufforderung zu gehen, was ihr Tier respektvoll tat. Durch die Enge in der Box konnte es aber nicht weit genug weichen, darum drehte es sich herum, sozusagen als Notlösung. Die Frau wurde von mir aufgeklärt, sie ließ diese Kopfbewegung sein und das „Problem", welches keines war, trat nie mehr auf.

Daran erkennt man gut, wie schnell wir dem Pferd aus menschlicher Sicht eine Stimmung oder Absicht unterstellen, die aber gar nicht da ist. Sicher können, wollen und dürfen wir das Pferd als unseren Freund sehen, wichtig dabei ist, ihm die Möglichkeit einzuräumen, *in uns den Freund erkennen zu können*. Dazu braucht es das Wissen um die Regeln der Pferde, wie sie Freunde erkennen, Freundschaften schließen und leben. Es muss mit seinen Regeln und Vokabeln diese Freundschaft selbst darstellen dürfen sowie von uns erfahren können und nicht über Menschensprache und menschliche Regeln und unsere Vorstellungen.

Ein Pferd übersetzt zum Beispiel Karotten oder sonstige Leckereien aus unserer Hand nicht als Gesten der Freundschaft. Natürlich schmecken ihm diese Dinge gut und es will sie auch haben. Darum fordert es sie ja auch ein, wenn es erst einmal daran gewöhnt ist, für ganz bestimmte Tätigkeiten oder Leistungen mit Nahrung *belohnt* zu werden. Viele Leser/innen werden Erfahrung damit haben, wie Pferde in den unterschiedlichsten Taschen menschlicher Kleidung nach Leckerli suchen, was zum Teil sehr lästig wird.

Mir ist auch das Argument bekannt: Aber es funktioniert doch. Wenn man Pferde damit belohnt, lernen sie Lektionen leichter oder gar schneller. Das stimmt auch. Man kann viele unterschiedliche Tiere konditionieren oder mit Futter dressieren. Selbst Kraken lernen schnell, für Futter bestimmte Farbnäpfe umzudrehen oder Schraubgläser zu öffnen. Von Pferden untereinander wird Futter aber nicht als Belohnung für gute Taten eingesetzt und auch nicht als Freundschaftsgabe gereicht. Ranghohe Tiere verteidigen in der domestizierten Pferdehaltung eher ihre Futterstelle gegen Artgenossen.

Was man außerdem kennt, ist, dass der Rang eines Pferdes durch die Reihenfolge dargestellt wird, in der getrunken oder gefressen werden darf. Kein Pferd mit hohem Rang verzichtet aber zugunsten eines rangniedrigen Pferdes, um damit freundschaftliche Gefühle zu bekunden. Nicht einmal Stuten tun das für ihre Fohlen. Fressen hat im Instinkt von Pferden nichts mit Wohlverhalten und Belohnung zu tun. Das hat die Natur bei diesen Weidetieren nicht vorgesehen und braucht es dort auch nicht. Anders ist es bei Wölfen, Hunden und Hundeähnlichen. Dort ist es so: Fressen hängt unmittelbar mit gutem Jagd- und Sozialverhalten zusammen. Ein junger Wolf, der bei der gemeinsamen Jagd nicht im Sinne der Erwachsenen mitmacht, wird anschließend beim Verzehr der Beute ausgeschlossen. Oder hat ein junger Wolf einen Teil der Beute im Maul und knurrt seinen Vater an, weil er mit diesem nicht teilen will, wird dieser ihm höchst souverän das Fressen aus dem Fang nehmen und vor Ort selbst verzehren. So lernt der junge Wolf, sich sozial zu verhalten, indem er fressen darf, wenn er sich richtig verhalten hat und hungern muss, wenn er Fehler gemacht hat. Das gibt es so oder ähnlich nicht bei Pferden. Jeder kann einfach fressen, bei ihnen sieht Erziehung anders aus. Nahrung spielt als Erziehungsmittel keine Rolle. Daher

Abbildung 2: Sowohl miteinander gehen als auch genüssliches Fellkratzen sind Zeichen der Freundschaft.

verstehen Pferde die Karotte als Lob und Wohlverhaltensbestätigung auch nicht, sondern lediglich als guten Geschmack, für den es sich lohnt, gewisse Anstrengungen zu unternehmen. Das ist Konditionierung. Wenn wir Menschen dem Pferd unser Gefühl von Liebe oder Freundschaft vermitteln wollen, tut das sicher beiden gut, nur geht das nicht über den Weg mit Futter und Leckerli, sondern mit Gesten, die das Pferd aus seinem Leben mit Pferden kennt, mithilfe seiner eigenen Vokabeln und Gesten für Freundschaft. Näheres darüber erkläre ich bei den Vokabeln im 2. Teil des Buches. Es sei nur kurz vorweggenommen: Ein festes Reiben an bestimmten Körperstellen, die jedes Pferd individuell zeigt, oder auch ein Schulterschluss und gemeinsames Gehen sind Freundschaftsbekundungen, die man dem Pferd entgegenbringen kann und die von ihm sofort verstanden werden. Es tut es bei den Seinen gleichermaßen. (*Abb. 2*) Diese Gedanken lassen den Schluss zu, dass der Mensch mit dem Pferd eine Freund-

schaft leben und ausdrücken kann. Allerdings ist diese niemals ein gleichberechtigtes Verhältnis, so wie bei zwei Menschen miteinander. Es ist eine spezielle Mischung aus Abhängigkeit, Vertrauen und Fürsorge, eine individuelle Beziehung zwischen dem jeweiligen Menschen und seinem Pferd. Jedenfalls ist es gut und sehr erfreulich, dass viele Pferdebesitzer den Wunsch oder sogar den Anspruch haben, Freundschaft mit dem Pferd zu suchen. Leider ist das nicht bei allen Menschen der Fall. Aber diejenigen, die das möchten, finden hier in diesem Buch die Antworten auf die Fragen:

- Wie kann man das Freundschaftsangebot Pferden vermitteln?

- Wie identifiziert man die Freundschaftsgesten?

- Wie wird man vom Pferd verstanden?

1.3 DAS PFERD ALS KNECHT

Das Wort Knecht ist im heutigen Sprachgebrauch schon fast aus der Mode gekommen. Früher nannte man einen Lohnarbeiter in der Landwirtschaft so, heute ist der Knecht am geläufigsten als „Knecht Ruprecht". Man kennt auch die Begriffe Landsknecht vom Militär oder Hausknecht. Immer setzt das Knechttum einen Herrn voraus.

Auch wenn es nicht angenehm klingt und wir das eventuell auch gar nicht hören wollen, es gibt das Pferd als Knecht öfter, als uns lieb ist. Viele Menschen verstehen sich als die Herren, schon deswegen, weil sie die Menschen sind und von daher glauben, das Recht mitzubringen, die Herrschaft über das Pferd zu haben, über Leben und Tod zu entscheiden.

In dieser Konstellation hat das Pferd gar nichts zu melden, es muss funktionieren und für den Menschen tun, was, wie und wann er es will.

In dieser Art Beziehung hat das Pferd keine Chance auf sein Eigenleben. Seine Gefühle und Bedürfnisse werden nicht ernst genommen oder besser gar nicht wahrgenommen oder gekannt. Bei diesen Leuten besteht meist kein Bedarf, mehr über die Pferdepsyche zu lernen, da das ja auch als Konsequenz Verhaltensänderung mit sich bringen sollte. Es müsste ein Umdenken stattfinden, woraus anschließend ein völlig anderes Handeln entstehen würde.

In der Beziehung Pferd als Knecht hat das Pferd aber genau diese Aufgabe, einen Menschen zum Herrn zu machen. Es dient den Reitern oder Pferdebesitzern als Adresse, um Ärger, schlechte Laune oder Aggressionen loszuwerden oder schnelles Geld mit ihm zu verdienen.

Da fallen Sätze wie: Der Bock muss funktionieren. Der ist stur. Der holt sich die Prügel ab, der braucht das.

Jeder, der mehr mit Pferden zu tun hat und in völlig normalen Reit- und Turnierställen zu Hause ist, kennt solche Sprüche wahrscheinlich gut.

Wenn ein Pferd in der Reit- oder Springstunde nicht funktioniert und der Besitzer „ordentlich zulangt" und das Pferd mit Peitsche oder Sporen straft, so ist er häufig hinterher am Tresen in der Reiterstube sogar der Held, der Starke, der dem Pferd gezeigt hat, wo es längs geht, der sich nichts bieten lässt und die Fäden in der Hand hält. Das wird von den Reitkollegen positiv bestätigt und gerne wiederholt. Strafe ist bei uns in Deutschland die fast einzige legitime Form der Aggression. Auf diese Art und Weise lässt sich ein Teil der Wut und Aggression aus dem Alltag ausleben und in einer gesellschaftsfähigen Form ausdrücken. Teilweise wird das Pferd zum Prügelknaben für die eigene Unzulänglichkeit und Hilflosigkeit. Natürlich ist einem das häufig nicht bewusst, da diese Gefühle unterschwellig ablaufen. In der eigenen Vorstellung ist ja das Pferd der Schuldige. Ihm wird vorgeworfen, dass es absichtlich Lektionen nicht zeigt, die es kann, böse ist, frech, zickig, stur und faul. Man unterstellt ihm die Entscheidung, den Menschen bewusst ärgern zu wollen. Deshalb argumentiert man, dass man ihm das nicht durchgehen lassen kann, weil es sein Verhalten sonst ja wiederholen wird. So wird es den Reitern in vielen Reitställen überzeugt vermittelt, auch mir, als ich in frühen Jahren versuchte, dort Reiten zu lernen.

Wo das Pferd zum Sündenbock wird, ist es schwierig, mit den Betroffenen offen darüber zu reden. Mir gegenüber hat niemand gerne zugeben wollen, Wut zu haben oder aus Frust zu schlagen. Fakt ist, es passiert. Ich denke, es hilft auch nichts zu sagen, man strafe nicht aus Zorn, sondern man habe nur Ärger, weil das gesellschaftsfähiger klingt. Ob man die Emotion nun Wut, Zorn, Frust, Ärger, Enttäuschung oder Unsicherheit nennt, spielt in der Auswirkung für das Pferd kaum eine Rolle. Ihm werden gewollt und bewusst Schmerzen zugefügt, mit der Überzeugung des Menschen, das Pferd habe diesen Schmerz verdient und durch sein „falsches" Verhalten selbst zu verantworten. Der Mensch, als der Herr des Pferdes, nimmt sich das Recht heraus, das zu bewerten und zu entscheiden und damit das Verhalten des Pferdes zu verurteilen.

Ich war entsetzt, als ich das erste Mal bei einem Westernturnier auf dem Abreitplatz eine Frau mit Schminkpalette sah, die mit Selbstverständlichkeit die blutenden Stellen der Pferde mit der passenden Farbe überschminkte, nachdem die Reiter sie mit ihren Sporen aufgestochen hatten, weil die Richter das nicht sehen sollten. Jeder dort wusste um diese Schminkaktion und niemand, den ich ansprach, fand das so grauenvoll wie ich. Ich wurde belächelt und als inkompetent ignoriert.

Heutzutage ist das Thema Rollkur in aller Munde. In vielen Fachzeitschriften und im Internet begegnen einem schlimme Bilder von Turnieren oder Reitställen, wo Pferde zusammengeschnürt geritten werden, die nicht selten das Maul so gut es geht aufge-

rissen haben, um sich gegen den Schmerz zu wehren. Muss man sich da nicht fragen, wieso es nicht möglich ist, all das einfach zu verbieten, zum Wohle des Pferdes und zum Schutz der Kreatur, die in dem gleichen Magazin als Freund, als Partner, als Wesen vergöttert wird, dem wir so viel verdanken? Was muss das Tier noch aushalten, ehe ihm wirklich geholfen wird, ehe Gesetze erlassen und umgesetzt werden, die all dem ein Ende machen? Oder ist der Mensch doch so sehr Herr über das Tier, dass er ungestraft so weiter machen kann, um zweifelhafte Siege auf Turnieren zu erringen?

Ich habe es persönlich vor vielen Jahren erlebt, dass einmal sogar die Todesstrafe ausgesprochen wurde. Das Pferd wurde unter einem Vorwand eingeschläfert, weil es der Besitzerin nicht gut genug sprang.

Bei uns auf dem Hof hatte ein Pferd sich bei einem Unfall im Auslauf eine Schulter stark verletzt. Schon als der Hänger sich in der Klinik öffnete, meinte eine Person des Klinikpersonals: „Ein Fall für die Euthanasie." Wir haben da nicht zugestimmt, das Tier erholte sich sogar relativ schnell und läuft seit Jahren wieder schmerzfrei unter seiner Reiterin.

Ein anderes Dilemma sind die armen Pferde in den Karussells auf den Märkten und der Kirmes. Die Tiere müssen stundenlang im kleinen Kreis gehen und sind relativ eng ausgebunden, können sich nicht frei bewegen, geschweige denn kratzen, wenn es irgendwo juckt. In NRW wurde der Antrag gestellt, die Pferde sollen nach einiger Zeit einen Handwechsel machen, um nicht eine Seite zu sehr zu belasten. Das lehnten die Betreiber mit der Begründung ab, die Pferde könnten das nicht, weil sie an diese

Hand gewöhnt seien. Es wurde von Amtswegen nicht verlangt, das mit den Tieren trainieren zu müssen, sondern man beschränkte sich darauf, dass irgendwelche fragwürdigen Pausen einzuhalten seien.

Ich kann mir denken, dass dieses Kapitel manch einem Leser nicht gefällt oder seinerseits Aggression erregt. Ich habe all das erlebt und deshalb verschweige ich es nicht. Obwohl es sicher noch viel mehr hierzu zu sagen gibt, glaube ich, dass mein Anliegen, zum Wohle des Pferdes diese Dinge einmal auszusprechen, sie nicht zu beschönigen oder zu verharmlosen, verstanden wurde. Zumindest von denjenigen, die ehrlich und kritisch hinschauen wollen.

Abbildung: Legolas auf der Weide

1.4 DAS PFERD ALS STATUSSYMBOL

So wie sich ein Auto einer entsprechenden Marke als Statussymbol eignet, so werden auch Pferde als solche eingesetzt. In dem Fall muss das Pferd das Ansehen und Einkommen sowie den damit verbundenen sozialen Stand seines Besitzers darstellen. Dazu eignet sich nicht jedes Tier. Um ein Statussymbol darzustellen, muss es natürlich teuer sein, gut aussehen, eine möglichst lange Ahnenreihe berühmter Vorfahren aufweisen und gerne auch irgendwelche Siege verzeichnen. Zumindest Siege seiner Ahnen sollten bekannt sein. Solch ein finanziell gesehen wertvolles Tier hat häufig keine Chance auf ein pferdegerechtes Leben. Es darf in aller Regel nicht mit Artgenossen spielen, weil die Verletzungsgefahr zu groß ist. Es darf sich auch nicht „einsauen" und ein Lehmbad nehmen und natürlich auch in gar keinem Fall ein unattraktives Winterfell haben. Falls das doch wächst, wird es abrasiert und das Pferd eingedeckt. Unter der Decke kann es sich nicht kratzen, falls es juckt, das ist dann halt so. Eine noch größere Unart des Menschen ist, den Pferden die Tasthaare aus dem Gesicht und den Schutz in den Ohren wegzurasieren. Heute noch sah ich in einer Pferdefachzeitschrift eine Werbeanzeige für „extrem laufruhige" Schermaschinen, um im Gesicht „empfindlicher Pferde" zu rasieren, mit einem Bild von völlig rasierten Nüstern und Oberlippe eines Pferdes, die von einer Frauenhand berührt werden als Zeichen einer Beziehung, die nicht durch Haare gestört wird. Jedes Pferd hat Tasthaare, die, wie der Name schon sagt, dem Pferd durch Tasten den toten Winkel, den es vor der Nase hat,

entschärfen. Der Mensch entscheidet, dass ein Pferd mit glatter Nase besser aussieht, darum kommen die Haare ab, egal, wie das Pferd das empfindet. Man kann nur ahnen, dass die Rasur unangenehm bis schmerzhaft ist und das Pferd sich nachher immer dann hilflos fühlt, wenn die Tasthaare ihm Informationen gegeben hätten, die jetzt ausbleiben, was es auch nicht verstehen kann und wofür es keinen Ersatz hat.

Solch ein Pferd darf nicht auf der Weide spielen und sich keinen kleinen Grasbauch anfressen. Es wird mit wenig Raufutter und viel Kraftfutter gefüttert und bekommt seine Bewegung in einer für es öden Führmaschine, in der es nach einem elektrisch vorgegebenen Tempo alleine vor sich hingehen oder traben muss. Spaß macht ihm das sicher nicht und nichts davon ist artgerecht. Muss man sich nicht auch fragen, ob der berühmte, millionenschwere Totilas vielleicht gar nicht berühmt sein will, sondern viel lieber wie ein Pferd draußen toben, sich mit Freunden pflegen und sich im Matsch wälzen würde, um danach mit Bocksprüngen auf einer Wiese die Lebensfreude auszudrücken?

Als Statussymbol hat das Pferd aber nicht nur die Aufgabe, gut auszuschauen und wertvoll zu sein, sondern in der Regel muss es auch seine Leistungen unter Beweis stellen und in irgendwelchen Disziplinen siegen; sei es in Rennen, Springen, Dressur oder Westerndisziplinen. Dafür wird es trainiert und dieses Training ist auch nicht zimperlich. Schließlich geht es hier um den guten Ruf des Besitzers. Er will sich vor seinen Freunden ja nicht blamieren, daher muss das Pferd halten, was sein Besitzer verspricht. Hier geht es nie um das Pferd, immer nur um den Menschen und seinen Bedarf, sich mit dem Pferd darzustellen. Eine emotionale Beziehung zu dem Pferd wäre auch hinderlich, da es ohne Probleme ausgetauscht wird, wenn es nicht so gut ist, wie der Mensch es erwartet. Schmerzhafte Trainingsmethoden wie Barren oder Elektroschocks fielen bei emotionaler Bindung zum Pferd vielleicht dem Gefühl zum Opfer. Der Pferdemarkt ist voll davon.

In diesem Zusammenhang möchte ich noch kurz auf eine Bezeichnung eingehen, die mich schon immer stört, und die mich nachdenken ließ. *Pferdematerial oder Materialprüfung.* Alle Turnierreiter oder Züchter kennen diese Begriffe und es wird damit selbstverständlich umgegangen. Im normalen Sprachgebrauch wird als Material ein nicht fertiges Gebrauchsgut oder ein Arbeitsgegenstand des Menschen bezeichnet. Was geht in Menschen vor, die auf die Idee kommen, Pferde als Material zu bezeichnen? Wenn man das tut und sie auch Bewertungen unterzieht wie irgendeine Maschine, dann ist man von der Wahrnehmung und Einstellung, dass es sich hier um eine Kreatur mit Gefühlen handelt, weit entfernt. Dem Satz: „Es ist ja nur ein Tier", ist sicherlich mit Achtsamkeit zu begegnen. Hier wird

noch nicht einmal das gesagt. Hier ist es nur ein Material.

Wenn ich dann verharmlosend höre: „Das sagt man doch nur so.", beruhigt mich das nicht. Nichts kann man einfach nur so sagen, es kennzeichnet eine Haltung. Nämlich die, wenn sich bei der Prüfung herausstellt, dass das „Pferdematerial" nicht den gehobenen Ansprüchen entspricht. Dann kann man es ohne schlechtes Gewissen abschaffen und auch als Fohlen schlachten, da man ja von Gefühlen bei dem Tier nicht ausgehen muss. Ohne jegliche Bedenken kann es aus- und umgetauscht werden, da der Mensch weder selbst eine emotionale Bindung dazu aufgebaut hat, noch dem Pferd zugesteht, dass es Freunde hat, die es verlassen muss. Auch die Vorstellung, dass jeder Umgebungswechsel erst einmal Stress und Einsamkeit, Unsicherheit und Trennung für das Tier bedeutet, kann einfach ignoriert werden, falls es sich lediglich um Material handelt. Vor diesem Hintergrund verstehen sich auch die Schlachttransporte, die immer noch nicht grundsätzlich verboten sind, weil es Menschen gibt, die genau dieses Fleisch bedenkenlos verzehren. Insofern sage ich nicht: Worte sind doch Schall und Rauch! Hierüber dürfte durchaus nachgedacht werden, damit sich etwas ändert.

1.5 DAS PFERD ALS THERAPEUT

Eine völlig andere Aufgabe hat das Pferd als Therapeut für den Menschen. Hierzu muss es weder schön noch teuer sein, sondern eher geduldig, Gewichte tragen können und zuverlässig im Umgang sein. Das sind grundsätzlich Eigenschaften, die problemlos beim Pferd abgerufen werden können, wenn die Ausbildung und der Alltag des Pferdes die Voraussetzungen dafür geschaffen haben.

Es ist schon seit den 60er Jahren bekannt, wie hilfreich die Bewegungen auf dem Pferderücken für behinderte Menschen sind. Therapeutisches Reiten, Reiten als Therapie oder Reittherapie sind aus dem Pferdebereich nicht mehr wegzudenken. Von der Mobilisierung körperlicher Fähigkeiten über die Gleichgewichtsschulung bis hin zur Integration behinderter Menschen im Pferdesport tut das Pferd gute Dienste. Wichtig dabei ist auch hier der verantwortungsvolle Umgang des Menschen mit diesen Pferden. Da viele behinderte Menschen keine Möglichkeiten oder Fähigkeiten haben, sich locker zu bewegen, sind sie oft sehr schwer und ungelenk. Da gibt es Grenzen, was man dem Pferd noch zumuten kann und wo die Zumutbarkeit eindeutig überschritten würde. Reiten um jeden Preis ist da sicher nicht richtig. Außerdem gehört in diesen Verantwortungsrahmen hinein, dass jedes Therapiepferd für seine Orientierung auch gesunde Reiter braucht, die im Gleichgewicht auf dem Pferd sitzen und für eine symmetrische Muskelbildung beim Pferd sorgen können. Mir wurden schon Pferde zum Kauf angeboten, die aus der therapeutischen Reitpraxis kamen, völlig schief und genervt, sodass sie für diese Aufgabe unbrauchbar gemacht worden waren. So weit darf es nicht kommen. Aus Dankbarkeit den Pferden gegenüber sollte es nicht nur dem Menschen mit dem Pferd gut gehen, sondern auch dem Pferd mit dem Menschen. Es gibt therapeutische Einrichtungen, die mit gutem Beispiel vorangehen. Es ist wünschenswert, dass sich diese Einstellung mehr verbreitet und die Bereitschaft der Reitlehrer, die Verantwortung für diese Pferde zu übernehmen, steigt. Das Pferd hat nicht nur sehr guten Einfluss auf kranke Körper oder psychisch behinderte Menschen. Es kann, ähnlich wie Delphine, in den Therapien grundsätzlich viel in der menschlichen Psyche bewirken und gute Erfolge erzielen. Auf unserem Hof machten wir gute Erfahrungen bei Kindern mit Essstörungen, ADS, körperlichen Defiziten oder Verhaltensauffälligkeiten unterschiedlichster Art.

Selbst auf gesunde Menschen hat es eine starke psychologische Wirkung. Da das Getragenwerden der Säuglinge in der menschlichen Entwicklung sowohl seelisch als auch körperlich von Bedeutung ist, es aber in unserer modernen Gesellschaft zum großen Teil nicht mehr so konsequent praktiziert wird wie bei Naturvölkern, bleibt eine Art Nachholbedarf im Menschen zurück. Daher erklärt sich auch der häufig starke Drang, reiten zu wollen, obwohl eine Art Angst und Unsicherheit gespürt wird. Meist wird das so ausgedrückt: *Ich will reiten lernen, habe aber Respekt vor dem Pferd. (Abb. 3)*

Vor ca. 15 Jahren rief ich eine neue Seminarform ins Leben: „Bewegte Gefühle". In diesen Seminaren beschäftigen wir uns mit den Phänomenen:

Abbildung 3: Anna-Lena, ca. 3 Jahre alt, reitet Willi im Gelände.
Das intensive Gefühl des Getragenwerdens wird Kindern schon ab 2 Jahren auf dem Hof Pysall
ermöglicht.

- wie das Getragenwerden auf die Säuglinge wirkt

- wie die Aufzucht von Kindern bei den Naturvölkern aussieht

- welche Verluste der moderne Säugling bei uns erleidet

- ob und welche Symptome dadurch entstehen können

- wie man diese auch mithilfe des Getragenwerdens auf dem Pferd beeinflussen oder heilen kann

Auch hier hat das Pferd therapeutischen Charakter.

Es ist zu vermuten, dass sowohl der Bedarf zu rauchen, als auch der eventuelle spätere Drogenkonsum seinen Ursprung in der Säuglingszeit hat. Wenn dort Defizite entstanden sind, bedingt durch unsere moderne Aufzucht, falls es dort an Getragenwerden, Stillen nach Verlangen und kontinuierlicher Nähe der Mutter gefehlt haben sollte, dann kann in uns die Sehnsucht nach „der heilen Welt" als dauernder Bedarf erhalten bleiben. Daraus entsteht die ständige Suche nach der Richtigkeit, einem Gefühl, das vom Säugling instinktiv als vorhanden erwartet wird.

Jean Liedloff schreibt in ihrem Buch „*Die Suche nach dem verlorenen Glück*" eindrücklich über dieses Phänomen. Deshalb ist es auch unter anderem Grundlage für meine psychologischen Seminare.

In diesem Zusammenhang ist das Pferd ein Symbol für die Mutter und löst in uns Menschen Gefühle aus, die entsprechend der eigenen Biografie Sehnsucht, Trauer, Freude, Dankbarkeit, Schuldzuweisungen, Rache oder Hilflosigkeit sein können. Also im Grunde alle Gefühle, die man in dieser Zweierbeziehung erleben oder erlebt haben kann. Meist geschieht das unbewusst, dennoch oder gerade deswegen sind diese Gefühle dann häufig verantwortlich für das Handeln und die Entscheidungen dem Pferd gegenüber.

In meiner Arbeit kann das Pferd als Medium dienen, um an alte Erinnerungen heranzukommen und ein Verständnis für die eigene Psyche zu erwerben. Außerdem hilft das Pferd beziehungsweise der Umgang mit ihm, Defizite aufzufüllen. Das ist eine sehr spannende und auch erfolgreiche Arbeit mit Mensch und Pferd auf unserem Hof, die nicht mehr wegzudenken ist. Dies ist ein weites Themenfeld und es würde hier den Rahmen sprengen, noch weiter darauf einzugehen. Wer mehr darüber erfahren will, kann das in meinen Seminaren tun.

Natürlich gibt es noch wesentlich mehr mögliche Beziehungsformen zwischen uns Menschen und Pferden. Ob man nun den „Rasenmäher" aus dem Vorgarten nimmt, das Spielzeug gegen die Langeweile, den Kindersatz – egal. Ich habe mich erst einmal auf die oben beschriebenen, sehr kritischen Formen beschränkt, um ein Problembewusstsein zu schaffen. Sie sind mir im Leben oft begegnet, und in meinen Seminaren hörte ich nicht selten den Satz: „Das hab ich noch gar nicht bedacht." „Das war mir leider nicht bewusst." „So habe ich das noch nie gesehen."

Die Erfahrung lehrt, dass Nachdenken und Darüberreden sehr hilfreich sind, um Verhaltensweisen zu erkennen und auch verändern zu können, wenn man das will. Dem voran muss ja erst einmal die Erkenntnis stehen.

1.6 DAS PFERD ALS SCHÜLER

Die meisten dieser genannten Beziehungen zwischen Mensch und Pferd haben eine Gemeinsamkeit: Das Pferd soll … irgendetwas. Das heißt, der jeweilige Besitzer des Tieres hat Erwartungen an sein Pferd, entsprechend seiner Aufgabe. Mit dem erwarteten Verhalten und den nötigen Fähigkeiten wird das Pferd aber nicht geboren oder gekauft. Es muss sie erlernen und damit wird es zwangsläufig zum *Schüler des Menschen*. In der Regel wird mir nicht viel Verwunderung entgegengebracht, wenn ich das so sage. Führe ich den Gedanken aber fort, ändert sich das. Wenn das Pferd der Schüler des Menschen ist, dann ist der Mensch automatisch der *Lehrer des Pferdes*. Und das ist dann auch schon das Problem.

Normalerweise hat ein Lehrer eine Ausbildung genossen, die ihn zum Fachmann seines Wissensstoffes macht, und außerdem eine pädagogische Anleitung erhalten, wie er diesen Lehrinhalt seinem Schüler vermitteln soll oder kann. Er weiß etwas über pädagogische Konzepte, Lehrpläne, Lernschritte, Lehr- und Hilfsmittel. Er hat gelernt zu lehren und sein Wissen, das grundsätzlich vorausgesetzt werden muss, zu vermitteln. Wenn wir uns in meinen Seminaren Gedanken über die Eigenschaften guter Lehrer machen, kann jeder aus eigener Erfahrung mitreden. Es besteht Einigkeit darüber, dass der gute Lehrer gerecht, geduldig, wohlwollend, humorvoll, nicht verbissen, konsequent, ehrlich und glaubwürdig ist, ohne Druck arbeitet, dem Schüler keine Angst macht und für eine gute Lernatmosphäre sorgt.

In der Praxis heißt das, jeder, der sein Pferd ausbildet, ist dadurch Lehrer. Er sollte diese eben genannten Eigenschaften besitzen, wenn er mit dem Pferd arbeitet. Die ernst zu nehmende Schwierigkeit ist oft schon, dass der sogenannte Lehrer die Lektion selbst nicht beherrscht. Es fehlt ihm die fachliche Kompetenz. Wie viele Leute kaufen sich ein Pferd, können wenig und wursteln am Pferd rum, erst im Guten und dann, aus Verzweiflung, im Bösen?!

Wir hatten einmal einen Stand auf der Equitana. Da kam ein junges Mädchen vorbei, kaufte eine Gerte und probierte im Gang aus, ob sie auch gut zieht. Meine Ansage, eine Gerte sei nicht zum Schlagen da, erstaunte sie. Sie meinte, ihr Pferd sei zickig, da müsse sie draufhauen, das müsse sie erziehen. Schon dieses Kind war der festen Überzeugung, Pferde muss man schlagen, wenn sie erzogen sein sollen und anders geht es nicht. Auch glaubte das Mädchen, sie sei befugt, diese Schläge zu verteilen, und hatte auch keine Skrupel, auf ihr Pferd zu schlagen, obwohl sie es, wie sie sagte, auch gleichzeitig sehr liebte. Da hätte das eine mit dem anderen nichts zu tun.

Werfen wir doch einmal einen Blick in die Natur. Wie lernt denn ein Fohlen oder ein junger Wolf das, was er für sein Leben braucht? Hat der denn Lehrer?

Er hat! Er lernt alles, was er können und wissen muss, von seinen Eltern, dem Rudel oder der Herde. Vieles wird über das Beispiel der Großen gelernt, es wird sich abgeschaut, ein Teil wird ausprobiert oder im Spiel erlernt. Das Sozialverhalten und die Rangordnung vermitteln die Eltern durch Bestätigung im richtigen Verhalten und Zurechtweisen im falschen. Das funktioniert in fast allen Tiergemeinschaften reibungslos und stressfrei. Das junge Tier will ja lernen und hat keine Vorbehalte gegen Anweisungen der Erwachsenen. Der Instinkt sagt ihm, alles wissen zu wollen, was zum Leben gehört, und munter und eifrig wird eine Lektion nach der anderen absolviert.

In diesem Fall lernen die Jungtiere von ihresgleichen, den Eltern oder anderen Erwachsenen aus der Gruppe. Der Instinkt weist sie an, den Anleitungen dieser „Personen" Folge zu leisten. Vermittelt wird das in einem Kommunikationssystem, das allen Tieren dieser Gruppe vertraut ist.

In der Natur sind die unterschiedlichen Lernphasen in sinnvoller Weise aufeinander aufgebaut. Zuerst findet die Prägung auf die Mutter statt. Während sich die Sprachfähigkeit und das Verstehen entwickeln, herrscht auch eine gefahrlose Zeit für den Nachwuchs, das heißt, die Fehler des Jungtieres im Sozialverhalten werden nicht bestraft, nur erklärt. Wenn die biologische Reife ausreicht, wird das Sozialverhalten gezielt für einige Zeit trainiert. Erst wenn das Jungtier die Prinzipien erkannt

und anerkannt hat, wenn es also weiß, wer hier der „Lehrer" ist und wem es gehorchen soll und will, kommt die weitere Ausbildung in der Entwicklung. Jetzt, wenn kein Widerstand gegen die Hierarchie gesetzt wird, und der Lernwille und die Unterordnung dem Leittier gegenüber unumstritten ist, ist das Lehren und Lernen ohne Behinderung möglich. Somit sind **sinnlose** Diskussionen zwischen Lehrer und Schüler völlig ausgeschlossen und alle Energie geht **sinnvoll** in das Üben und Lernen. Das garantiert schnelle, sichere Erfolge auf beiden Seiten ohne Ärger, Kampf oder Stress. Da also das Jungtier sowohl lernen als auch sich richtig verhalten *will*, ist es bemüht, sich alles von den Großen abzuschauen und dem guten Beispiel zu folgen. Die Regeln werden schnell erkannt und angenommen, die körperlichen Fertigkeiten lustvoll im Spiel erworben. So macht das Lernen Spaß und ist eine lebensbejahende und lebenserhaltende Aktion. Lernen ist ein Teil des Lebens. *(Abb. 4)*

Abb.-Serie 4: Junge Minishetty-Hengste erproben Rangordnungsrituale und Kampftechniken im Spiel.

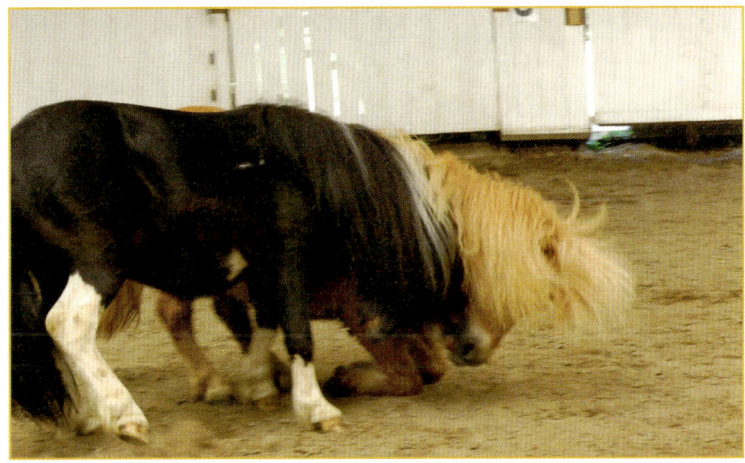

weiter Abb.-Serie 4

weiter Abb.-Serie 4

weiter Abb.-Serie 4

Hierbei fällt mir noch eine kleine Exkursion ins „Reich der Menschen" ein. In unserer Reitschule unterrichten wir über 80 Kinder und Jugendliche pro Woche. Sie sind auch unsere Schüler. Sie wollen reiten lernen. Nicht selten stehen sie beim Satteln der Ponys bei ihren Eltern, wenn ich an ihnen vorbei gehe. Es kommt fast nie vor, dass irgendjemand aus der Gruppe mich selbstständig freundlich grüßt oder wenigstens meinen Gruß erwidert. Wenn ich es hin und wieder einmal anmerke, schauen die Eltern unsicher und irgendwie hilflos zu mir, ratlos, wie es hätte richtig sein müssen. Sie als Lehrer ihrer Kinder haben es bis dahin nicht geschafft, was in Pferdegesellschaften normal wäre: Respekt vor anderen zu lehren und soziale Regeln zu vermitteln. Diese Menschen meinen das nicht böse, aber sie kennen die Regeln nicht mehr und leben sie nicht. Das führt auch zu häufig sehr respektlosem Verhalten der Kinder den Eltern gegenüber und zur Hilflosigkeit bei den Erwachsenen, diese Situation nun in den Griff zu kriegen. Sie haben ihr Amt als Lehrer nicht so selbstbewusst und souverän wahrgenommen, dass es jetzt von ihrem „Schüler-Kind" gekonnt wird und es so wie in Tiergesellschaften leicht ist, Kinder aufzuziehen und souveräne Erwachsene daraus werden zu lassen. Manche Eltern haben Bedenken, die Liebe des Kindes zu verlieren, wenn sie konsequent sind, und glauben sich seine Zuneigung erkaufen oder erhalten zu können, indem sie weich und nachgiebig sind und dem Kind, wenn es irgendwie geht, seinen Willen erfüllen. Sie haben den Instinkt für das richtige Maß an Regeln und deren Umsetzung verloren. Die Kinder bekommen von den Eltern den Reitunterricht bezahlt und es wird auch der Aufwand des Transfers betrieben, was aber den meisten Kindern kein Gefühl der Anerkennung oder Dankbarkeit für dieses Privileg entlockt. Sie behandeln die Eltern fordernd und häufig undankbar. Diesen ist das peinlich. Sie versuchen, das Verhalten des Kindes zu verharmlosen und zu entschuldigen und lassen alles mit sich machen. Hauptsache, es endet nach außen hin friedlich und sie werden nicht zum Gespött der anderen. Weder diese Eltern noch deren Kinder hätten aktuell die Fähigkeit, ein Lehrer des Pferdes sein zu können. Es fehlt ihnen sozusagen die eigene Lebenserfahrung dafür. Sie kennen keine gesunde, soziale Gemeinschaft mit gegenseitiger Achtsamkeit. Häufig fehlt das eigene Selbstwertgefühl, auf dessen Hintergrund dem Kind ein gesundes Selbstvertrauen vermittelt würde. Die Eltern wollen das Beste für ihr Kind, sind aber mit der Position des Erziehungsberechtigten, um nicht zu sagen des Erziehungsverpflichteten und Lehrers, dem Kind gegenüber überfordert. Umso grotesker ist es dann, genau dort den zukünftigen „Herren der Pferde" zu begegnen.

Anfang diesen Jahres lief bei VOX eine Serie: Die Pferdeprofis. Am Samstag, den 19.2.2012, sah ich da einen Profi, dessen Aufgabe es war, ein rohes zweijähriges Pferd in einen Hänger zu verladen, weil es von der Weide weggebracht werden musste. Das Pferd kannte weder den Mann noch einen Hänger noch, transportiert zu werden. Es war ohne Pferdegesellschaft auf der Weide und wollte nicht in den Hänger einsteigen, zumal es bei früheren gescheiterten Versuchen schlechte Erfahrungen gemacht hatte.

Der Pferdeprofi hatte dem Pferd ein Knotenhalfter angezogen und einen längeren Strick in der Hand. Er hielt das Pferd mit einer Hand am Strick fest, mit der anderen drehte er das Strickende in Richtung Pferd, woraufhin dieses einmal stieg, einmal wegzog. Das Pferd wusste nicht, was es sollte, und auch ich verstand nicht, was er da vorhatte. Er erklärte dann, er

wolle an das Pferd herankommen und erreichen, dass es zulässt, ihn an seine beiden Seiten herantreten zu lassen, um es zu berühren. Nachdem er das erklärt hatte, kannte man nun sein Ansinnen, als Mensch am Fernsehgerät. Das Pferd kannte das Ansinnen nicht. Es verstand offensichtlich nicht, was es sollte, und musste das mühsam herausfinden. Die Menschen kennen die Lösung für das Pferd. Das Pferd selbst aber nicht.

Und wie kann ein Tier das herausfinden? Nur durch Versuch und Irrtum. Es muss es erraten. Durch einen unangenehmen Ton und einen Strick sollte das Pferd erkennen, was im Sinne des Menschen ein gutes und schlechtes Verhalten seinerseits wäre. Es ging rückwärts und bekam durch den Ton, der es nerven sollte, und durch den Strick, der gegen es geschleudert wurde gezeigt: „Das will ich nicht." Es stieg und auch da wurde klar gemacht: „Das ist auch falsch." Es zog den Mann durch die Wiese, auch falsch. Wenn es etwas richtig machte im Sinne des Menschen, dann hörte der nervige Ton auf und das Schleudern auch. Das Pferd, das nur ein Tier ist mit seinen Instinkten und Denkmöglichkeiten, verstand nicht auf Anhieb den Zusammenhang zwischen Wohlverhalten und Nicht-genervt-Werden und umgekehrt. Es probierte das eine und das andere aus, und es dauerte drei Stunden, bis es gelernt hatte, wenn es nicht stieg, nicht rückwärts ging, hörte der Stress auf. Es fand heraus, dass der einzige Zufluchtsort der Hänger war, in den ging es dann auch hinein. Es war nicht entspannt. Es hatte lediglich gemerkt, dass das erst einmal das kleinere Übel war.

Weshalb ich das beschreibe? Zum einen, wenn der Mann *Motiva* gekonnt hätte und meine Philosophie vertreten würde, dann hätte es diesen Stress für das Tier nicht gegeben, weil er nicht nötig gewesen wäre. Zum anderen denke ich, wenn es als professionell bezeichnet wird, so mit Pferden umzugehen, dann erkenne ich daran eine nicht geringe Hilflosigkeit und Gedankenlosigkeit. Pferde, die Fluchttiere sind und logische Zusammenhänge nicht intellektuell erschließen können, müssen, um solch ein Prozedere zu begreifen, erst einmal viel Stress und Druck aushalten, um dann dem Druck nachgeben oder ihn vermeiden zu können.

Instinktiv lässt sich das nicht für ein Tier lösen und da frage ich mich, wieso man erwartet, dass Pferde diesen Gedankengang leisten sollen. In der Natur kann Lernen für Pferde schon einmal schmerzhaft sein, wenn ein ranghöheres Pferd ein Vergehen mit Biss oder Tritt ahndet. Das tut weh, wird vom Pferd aber verarbeitet und kann von ihm vermieden werden. Es kann das nachvollziehen. Es gibt kein Dauernerven in Herden, also gibt es auch kein Verständnis oder keinen Mechanismus, der dem Pferd den Umgang mit Druck und Stress und Genervtwerden erleichtert oder verstehbar macht. Das Pferd weiß nicht, wie und warum ihm das geschieht. Es versteht den Vorgang nicht. Und es kann ihn nicht verarbeiten, weil ihm dafür die inneren Strategien fehlen, es kann dafür kein Verständnis aufbauen. In einer Herde würde es davon ja auch nie Gebrauch machen müssen.

Also ist es ein Denkfehler von uns Menschen, zu glauben, das Tier müsse sofort erkennen, was es soll, nämlich das Richtige tun, und schon sei der Stress vorbei. Es hat keinen freien Willen, solche Entscheidungen treffen zu können. Es kann nur wie ein Instinktwesen handeln und versuchen, aus der Situation zu entkommen, was es stundenlang tut. Nach der Zeit von mehreren Stunden liegen bei einem Pferd die Nerven blank!

Das Pferd in der Sendung wurde eine kurze Strecke gefahren und dann in seinem neuen Zuhause abgeladen, nachdem es sich im Hänger noch aufgeregt hatte und mit den Vorderbeinen über die Absperre gestiegen war. Es wurde befreit, ausgeladen und war nass geschwitzt. Dennoch befanden die Menschen, es gehe ihm gut, mit der Begründung: „Es frisst schon". Das war weder stressfrei noch gewaltfrei für das Pferd. Leider wurde das in der Situation von den betreffenden Menschen völlig verkannt, eher verherrlicht. Solche Methoden sind strikt abzulehnen.

Wir können davon ausgehen, dass unser Schüler Pferd prinzipiell nichts gegen das Lernen hat, im Gegenteil, er erwartet das sogar. Allerdings erwartet er auch den guten Lehrer, den Meister der Lektionen, der souverän und sinnvoll zum richtigen Zeitpunkt das Wesentliche einfordert. Dieser natürliche Lehrer würde selbstverständlich auch nur Inhalte vermitteln, die das Pferd oder die Herde zum Leben und Überleben braucht. Das Pferd als Lehrer besitzt also die fachliche Kompetenz, das heißt, es kann alles, was es zu lehren und zu lernen gibt, selbst einwandfrei. Außerdem hat es zweifelsfrei den „Lehrauftrag" aufgrund seiner sozialen Stellung in der Herde und setzt zur Übermittlung der Inhalte natürlich das bis in die feinsten Facetten beherrschte Kommunikationssystem der Pferde ein, wodurch eine Verständigung in allen Bereichen garantiert ist.

2. DER MENSCH ALS LEHRER DES PFERDES

2. DER MENSCH ALS LEHRER DES PFERDES

Der Mensch als Lehrer hingegen möchte dem Pferd Dinge beibringen, die sich teilweise nicht einmal mit seinem Instinkt vereinbaren lassen, die also aus Sicht des Pferdes nicht nur sinnlos, sondern auch gefährlich oder lebensfeindlich sind. Dazu gehört unter anderem, sich anbinden zu lassen oder die Hufe zu geben und dabei auf drei Beinen zu stehen. Etwas, das für ein Fluchttier völlig gegen die eigenen Sicherheitsprinzipien verstößt. Der Galopp, die Gangart zum Toben, Spielen oder Flüchten, wird normalerweise und freiwillig nicht in langsamer, kontrollierter Geschwindigkeit gelaufen.

Es fällt dem Pferd schwer, Dinge zu erlernen und umzusetzen, die ihm instinktiv eher schaden als nutzen. Die größte Hemmschwelle hat es natürlich da, wo auch der größte Schaden zu erwarten ist, nämlich sein Leben und die Sicherheit jemandem anzuvertrauen, der aus seiner Sicht nachweislich weniger Führungsqualitäten hat als es selber. Doch dazu kommen wir später noch ausführlicher.

Wegen der nicht vorhandenen Führungsqualitäten des Menschen besteht auch kein Bedarf des Pferdes, von dem Menschen *lernen zu wollen*. Das Kommunikationsmittel der Pferde wird außerdem vom Menschen nicht beherrscht und somit ist nur eine behelfsweise Verständigung möglich.

Zusammengefasst heißt das:

Ein Pferd als Lehrer hat drei entscheidende Voraussetzungen zu bieten:

1. das Können dessen, was gelehrt werden soll
2. die soziale Kompetenz zu lehren
3. die Kenntnis des Kommunikationssystems zur Übermittlung der Informationen.

Der Mensch als Lehrer verfügt meistens nicht über

1. eben dieses Können,
2. die Führungsqualität, sodass ihm diese vom „Schüler Pferd" aberkannt wird
3. das Kommunikationssystem, um Wissen jeglicher Art zu transportieren.

Wenn also der Mensch diese Mängel mitbringt, aber trotzdem lehren will und auch tut, muss er die nicht vorhandenen Qualifikationen entweder erwerben oder durch irgendetwas ersetzen.

Die Motivation, etwas lernen zu wollen, setzt das Wissen oder die Erfahrung voraus, etwas nicht zu kennen oder nicht zu können. Leider gehen viele Menschen erst einmal davon aus, auch ohne große Anleitung ein „Händchen" für Pferde zu haben. Eine Schulung des grundsätzlichen Umgangs wird von ihnen nicht vorgesehen, lediglich das Reiten will gelernt werden. Beim Reiten merkt der Mensch selbst sehr schnell, was er nicht kann und da er Angst vor einem Sturz, also Angst um sich selbst hat, ist er auch lernbereit. Der eigene Stress wird eindeutig gefühlt, der des Pferdes, der bei inkompetentem Umgang nicht unerheblich ist, wird gar nicht recht wahrgenommen. Er ist vielen Menschen nicht bewusst.

Wird dann die Erfahrung gemacht, schon beim täglichen Umgang schnell an die eigenen Grenzen zu stoßen, sucht der Mensch gerne den „Fehler" beim Pferd, und somit ist der Weg frei, mit diversen Mitteln wie Strafen, sowie Einsetzen von gezielten Schmerzen oder Stressfaktoren, das Pferd zu zwingen, den menschlichen Willen zu erfüllen und es gefügig zu machen.

Seit ca. 40 Jahren bin ich Abonnentin unterschiedlicher Pferdefachzeitschriften und verfolge die darin gegebenen Ratschläge für jedwede Schwierigkeiten, die mit Pferden auftauchen können. Bis zu den 90er Jahren hatte sich die Freizeitreiterszene schon recht gut entfaltet und immer mehr Laien bot sich die Möglichkeit, in einem Reitstall oder am eigenen Haus ein Pferd zu halten. Auch ich hatte in einem Dorf im Hunsrück meine Stute auf der Wiese stehen. Ich erzählte schon davon. Auch ich brauchte Hilfe und fand sie nicht. Ich versuchte über Bekannte, verschiedene Reitställe und Tierärzte, Antwort auf meine Fragen zu erhalten, was nicht befriedigend gelang. Es half mir nicht weiter. Meine Reitkenntnisse nützten mir nichts im Umgang mit *meinem* Pferd, das schwierig war und möglicherweise deswegen auch von einem Ferienhof verkauft worden war. Mir blieb nichts weiter übrig, als nach mehr als zwei Jahren das Pferd abzugeben

und es mit einem anderen zu versuchen. Das war nicht besser, nur anders und in allen Magazinen konnte ich auf meine Fragen keine Antworten finden. Natürlich standen dort viele Ratschläge, wie zum Beispiel, dass man konsequent sein, sich durchsetzen muss. Das wusste ich schon, aber wie ist man konsequent, wie setzt man sich durch?

Nachdem mein erstes Pferd Angst gehabt hatte, mit mir alleine ins Gelände zu gehen, und ich es auch nicht leisten konnte, das zu ändern, kaufte ich als zweites Pferd ein Distanzpferd, das sicher alleine ging und Geländeritte gewöhnt war. Ich testete es vor dem Kauf und tatsächlich - ich konnte es reiten. Einfach so. Ein Traum, es ging mit mir ... die kilometerweiten Hunsrückwälder warteten nur auf uns. Schon auf dem ersten Ausritt alleine mit ihm ging Pandur, so hieß der Trakehnerwallach, durch und bockte so, dass ich herunterfiel. Ich war in meinen vielen Reitstunden daran gewöhnt, vom Pferd zu fallen, das erschreckte mich nicht so sehr. Erst als ich merkte, dass er das grundsätzlich auf jedem Ausritt tat, wurde ich stutzig. Ich bat meine Freundin Gunda, ihn auch einmal auszuprobieren, was ca. drei Minuten dauerte, dann saß auch sie im Acker. Daraufhin fragte ich einen sehr guten Reiter und Pferdezüchter aus der Nachbarschaft. Der kam nicht einmal auf das Pferd, da bockte er schon während des Aufsteigens. Ich hatte das nächste Problem und merkte, ich hatte wie bei Hans im Glück nur die Schwierigkeit weggetauscht, die ich mit dem ersten Pferd gehabt hatte und dafür eine neue erworben.

Das war nicht die Lösung, und alle meine Versuche, selbst Telefonate mit dem FS-Testzentrum Reken, halfen mir nicht weiter. Mit pauschalen Ratschlägen, man müsse ihn müde reiten oder das sei schwer zu sagen, es gäbe halt Durchgeher, er sei nicht ausgelastet, war mir nicht gedient. Ich galoppierte ihn durch tiefen Ackerboden, ritt ihn viele Kilometer am Stück, - er raste mit mir in halsbrecherischem Tempo Abhänge hinunter, sprang ungebremst über Betonrohre, die im Wald lagerten, und führte unter dem Sattel ein Eigenleben. Bei jedem Ausritt flog ich irgendwann herunter. Danach ließ er mich wieder aufsitzen, und der Rest des Ausrittes war gut, als ginge es ihm besser, wenn ich erst einmal unten gewesen war. Er war ein starker, freundlicher Kerl, doch eines Tages hatte ich einen Unfall mit ihm, der mich ins Krankenhaus brachte, und deswegen trennte ich mich von ihm. Das war sicher vernünftig, aber nicht befriedigend. Wie gerne hätte ich dieses Problem gelöst, wäre seine Lehrerin gewesen im Umgang mit Menschen, und wir beide hätten zusammen viel Freude bei herrlichen angst- und unfallfreien Ausritten in den sagenhaften Hunsrückwäldern gehabt. Heutzutage könnte ich mir und ihm helfen, aber damals gab es niemanden, der Rat wusste, und ich musste auch erst lernen, wie man mit solchen Pferden umgehen kann.

Ich denke noch oft daran und wenn ich dann auf diesem Hintergrund in die heutigen Pferdezeitschriften schaue, dann hat sich zwar der Inhalt geändert, denn es wird sehr viel mit Bodenarbeit irgendwelcher Art geworben und dafür plädiert, so mit dem Pferd zu arbeiten. Immer noch aber stehen da Sätze wie: Man muss sich durchsetzen, konsequent sein. Seit Mitte der neunziger Jahre muss man auch noch dominant sein, Chef sein, darf nicht in die Augen schauen. Letztendlich würde ich aber mit diesem Problem immer noch alleine dastehen, weil ich nicht erfahren könnte, was ich nun genau machen kann, wie ich handeln muss, wo meine Möglichkeiten sind, was sein Grund war, so zu sein und wie man so etwas angeht.

Auch heutzutage stehen in einschlägigen Ratgebern von namhaften Experten, wie man einen Steiger oder Durchgeher straft. Auch wenn die Nachschlagewerke moderner geworden sind, so sind sie dennoch nicht immer pferdegerecht. So wird zum Beispiel in einem einschlägigen Fachbuch geraten, einen Steiger zu Boden zu werfen, ihn dort zu halten und zu schlagen, um ihm seine Machtlosigkeit klar zu machen. Um das Ganze zu verharmlosen, steht dann dabei, dass das nur Fachpersonal machen solle und dass man vorher Schmerz oder Angst als Ursache für das Steigen ausschließen müsse. Ich frage mich, wenn das heutzutage in der modernen Literatur zu finden ist, wie hilflos der Mensch dem Pferd gegenüber eigentlich ist. Es ist nicht definiert, wer immer diese Kompetenz des Vorgehens hat und wie man genau die Angst und den Schmerz prüft, um zu dem Schluss zu kommen, diese Methode berechtigt anwenden zu dürfen, von der ich behaupte, dass sie immer falsch ist.

Ich möchte hier niemandem zu nahe treten, auch der Autorin des besagten Buches nicht, aber es gibt mir zu denken, dass sich auch nach 40 Jahren Fachliteratur solche Denkweisen erhalten haben und man es nicht grundsätzlich ausschließt, über Schläge und Schmerz das Pferd erziehen zu müssen oder zu dürfen.

Meinen Pandur hatte ich mehrmals von Tierärzten untersuchen lassen und Angst und Schmerz waren recht zuverlässig auszuschließen. Wäre er denn jetzt ein Kandidat für die Prügel gewesen? Kann man sagen, das hätte er verdient, weil wir Menschen, Therapeuten, Reitlehrer und ich den Grund für sein Handeln nicht beurteilen oder verstehen konnten? Hätte ich mir daher das Recht ableiten dürfen, es als *Unart* zu bestrafen? Ich denke nicht. Schon damals, vor mehr als 25 Jahren, wollte ich die Lehrerin des Pferdes sein. Ihn lehren, wie ich ihn brauchte, was ich nicht wollte, das er tut, ihm nahebringen, mich zu respektieren, um solche Machtspiele nicht mehr zu benötigen. Um das zu können, musste ich selbst erst viel lernen und herausfinden, was mir aber nur gelang, weil ich nicht bereit war, die alten „erprobten Methoden" zu praktizieren. Ich war entschlossen, neue Wege zu gehen, koste es, was es wolle. Somit war meine Zeit mit ihm ein wichtiger Schritt auf meinem Weg, **Pferde verstehen zu wollen.**

Logischerweise ist man als Lehrer wohl auch der „Erziehungsberechtigte" des Schülers. Nicht selten heißt es, das Pferd sei unerzogen, was sicher häufig stimmt. Wenn Erziehen in erster Linie Lehren ist, bedeutet das für uns Menschen, einem Pferd Verhalten sowohl beizubringen als auch abzugewöhnen. Es ist unsere Aufgabe, ihm zu vermitteln, dass wir Dinge von ihm wollen, die es in einer Herde gar nicht tun würde, die sogar gegen sein Instinktverhalten sprechen. Es kann gar nicht verstehen, was es da soll und warum. Umso wichtiger ist es, diese Dinge behutsam zu vermitteln und Verständnis für seine Situation zu haben, es sinnvoll zu motivieren, lernen zu wollen. Das ist die Voraussetzung für uns, das Tier ohne Druck lehren oder ausbilden zu können.

Doch selbst dann, wenn wir erreicht haben, dass unser Pferd zuhört, aufpasst, sich anstrengt zu verstehen und so gut es geht auch tut, was es soll, brauchen wir als Lehrer ein pädagogisches Konzept, wie bei Menschen auch. Wir brauchen einen Lehrplan, der sinnvoll aufgestellt ist und logische Lernschritte aufeinander abstimmt; eine ausgewogene Mischung aus Ausdauertraining, Erlernen der Lektionen, Biegen und Beugen, und Gymnastisierung, gepaart mit der richtigen Fütterung, Arbeitspausen und Auslauf. Der Beruf des Pferdewirtes sieht dieses Lernprogramm für den Trainer vor, damit er ein guter Lehrer für Pferde werden kann. Die meisten Menschen, die Pferde lehren oder erziehen, haben aber keinerlei Ausbildung und tun so, als bräuchte man das auch nicht, als könne jeder, der ein Pferd besitzt, deswegen auch Ausbilder sein.

Das ist natürlich ein Irrtum und geht nicht selten zu Lasten der Pferde. Umso wünschenswerter ist es, dass auch die so genannten Laien ihre Defizite erkennen und bereit sind zu lernen, um anschließend zur Zufriedenheit und Gesundheit aller lehren zu können.

2.1 DAS PFERD IN DER ERZIEHUNG UND AUSBILDUNG

In der Herdengemeinschaft wird das junge Pferd ganz selbstverständlich von den Eltern und anderen erwachsenen Herdenmitgliedern erzogen. Diese Erziehung ist ein friedfertiges Belehren des Jungtieres in allem, was es zum Leben und als soziales Mitglied der Herdengemeinschaft braucht. Die Belehrenden machen es ihm im Alltag ständig in richtiger Weise vor und es braucht nur hinzuschauen und nachzuahmen. Geschieht ein Fehler oder probiert es in der Rangordnung seine Position aus, können die Belehrungen auch einmal mit einer schmerzhaften Erfahrung enden, wie einem Biss oder Tritt. Das Pferd hat aber jederzeit die Möglichkeit, solche schmerzhaften Auseinandersetzungen zu vermeiden, indem es sich an die Regeln hält, die es kennen gelernt hat. Diese Regeln sind immer arterhaltend und den Bedürfnissen der Pferde nach Gesellschaft und Sicherheit angepasst. Wie bereits erwähnt, trifft das für fast alle Regeln, die Menschen den Pferden antrainieren wollen, nicht zu. *Sinnvolles Erziehen* bei Mensch und Tier heißt gutes Lehren und Belehren des „Jungen" im Sinne von Erklärungen, Übungen und dem nachzuahmenden guten Beispiel. Menschen, die Pferde erziehen, greifen aber leider in erster Linie auf eher unpädagogische Hilfsmittel wie Strafen und Schmerzen zurück. Auch mit dem guten Beispiel, gelassen, friedlich und souverän zu sein, hapert es deutlich. Im Umgang mit Pferden sind viele Menschen aus Unsicherheit und Unwissenheit eher ängstlich, aggressiv, laut, ungerecht und leider nicht selten recht arrogant.

Da mit der Vorstellung „Erziehung des Pferdes" dessen Veränderung verbunden wird, steht diese auch im Fokus des Interesses. Das Ziel ist immer das veränderte Pferd. Und dabei wird nicht genügend bedacht, welche Anteile des nicht funktionierenden Zusammenspiels beim Menschen liegen. Meist gibt es eine Vorstellung dessen, wie das Pferd einmal sein soll, was es können soll und tun darf, und das ist dann der Leitfaden für die Erziehung und Ausbildung. Dabei kommt der Mensch nur als Trainer oder Herr vor.

2.2 DAS PFERD UND STRAFE

In unserer Kultur wird leider häufig nicht nach der Einstellung gelebt, dass Erziehung bedeutet zu lehren, sondern es werden die Handlungen der „Erziehungsopfer" abgewartet und dann positiv oder negativ bestätigt, also belohnt oder bestraft. Diese Denkweise hat eine auch für das Pferd schwierige Entwicklung genommen. Ich erlebe hier viele Eltern mit Kindern und sehe nicht selten, wie wenig den Kindern sinnvoll und verständlich von dem erklärt wird, was sie tun oder lassen sollen.

Inzwischen hören viele Kinder auch nicht mehr zu, wenn die Eltern fragen, ob das Kind bereit ist, das oder jenes tun zu wollen. Diese Kinder machen stattdessen irgendetwas, die Eltern schauen nur, ob sie Unheil verhindern müssen. Sie werden von den Kindern nicht als kompetente „Lehrpersonen" wahrgenommen oder behandelt, so wie im Gegenzug dazu die Kinder nicht die „Schüler" sind.

Ohne jede böse Absicht verselbständigt sich der gemeinsame Umgang in dieser Weise, das Dilemma wird in der Phase nicht realisiert.

In den letzten 50 Jahren haben die Möglichkeiten, zu reiten oder ein eigenes Pferd zu halten, deutlich zugenommen. Daher gehen viele unterschiedliche Menschen mit Pferden um, vom reitenden Kind über Händler, Züchter bis hin zum Reiter mit und ohne Turnierambitionen. All diese Personen bedürfen beim Beginn ihrer Laufbahn mit dem Pferd einer Anleitung, wie sie dieser Situation Herr werden können, da sie es ja mit einem Lebewesen zu tun haben, das durch menschliche Körperkraft nicht zu bändigen ist. Diese Beleh-

rung wird durch andere „erfahrene" Pferdehalter erteilt, die aber auch nur können, was sie sich irgendwie angeeignet oder gelesen haben. So blieb die Tradition bewahrt, sehr viel über Strafen erreichen zu wollen.

In dem Bücher- und Literaturwald findet man zum Beispiel nicht selten Abhandlungen über die sogenannten Unarten der Pferde wie Weben, Koppen, Steigen, Durchgehen, Beißen, Schlagen und Bocken.

Natürlich sind diese Verhaltensweisen eines Pferdes für seinen Besitzer problematisch bis gefährlich. Der Wunsch, ein problemloses, seelisch und körperlich gesundes Pferd haben zu wollen, ist nur zu verständlich. Dadurch, dass diese Verhaltensweisen als *Unart* benannt werden, sind auch schon Weichen gestellt, wie man damit umgeht, und zwar die falschen. Pferde in freien Herden zeigen diese Verhaltensauffälligkeiten nicht. Sie leben miteinander ihr Leben, lernen, sich sozial zu verhalten, und jedes Pferd tut das, was die Art zum Überleben braucht. Das entspricht der Natur und dem Bedarf des Individuums. Erst wenn Pferde ihrer natürlichen Möglichkeiten und Bedürfnisbefriedigungen beraubt sind, entstehen aus der Gefangenschaft und domestizierten Pferdehaltung heraus Verhaltensweisen, die dem Menschen nicht gefallen, oder für einen oder beide gefährlich sind.

Fast alles sind dann *Symptome* für irgendwelche Mängel, Schmerzen, Ängste, Verluste, die ein Wildpferd nie zu spüren bekäme. Daher gab die Natur dem Tier auch keine Mechanismen mit, automatisch richtig damit umgehen zu können. Wenn also das, was das Pferd dann tut, seine sogenannten Unarten, Symptome, sind Verhaltensweisen, die sich entwickelt haben, weil es überfordert war oder andere Probleme oder Schmerzen hat, ist es dann nicht überheblich und zugleich dumm, beziehungsweise falsch vom Menschen, dafür Strafen einzusetzen?

Jeder, der Prüfungsangst hat, weiß, dass Druck und Strafe das Problem verschlimmern. Bei Schmerzen begibt man sich in Schonhaltungen, und bei Überforderungen versucht man, sich zu entziehen. Würden wir dafür bestraft, würden wir immer kränker oder schwieriger und sicher auch nicht froh oder gelassen sein können.

Kein Fohlen wird als Kopper, Weber, Durchgeher, Beißer, Schläger, bockig oder zickig geboren. Solche Pferde sind, wenn man so will, unser Produkt. Wenn das auch nicht schön klingt, ist es doch wahr. Für viele Pferde ist das, was sie da tun, Notwehr. Da man häufig „gebrauchte" Pferde kauft, nicht selten mit schwieriger Vergangenheit, kauft man notgedrungen die Probleme des Pferdes gleich mit. Doch selbst dann ist die Lage nicht hoffnungslos. Es muss jetzt der richtige Weg eingeschlagen werden, und die Bewertungen „das Pferd ist ..." sind zu überprüfen und eventuell völlig neu zu treffen, um sorgsam festzustellen, was das Pferd mit welchem Ausdruck mitteilen will oder muss. So kann ihm meist geholfen werden.

Auch in domestizierten und somit vom Menschen künstlich hergestellten Herden entwickelt sich das Ranggefüge in der Pferdegruppe. Innerhalb dieser Gemeinschaft gibt es Wegschicken, Treten, Prusten, Markieren, Wälzen, eben alles, womit

der Rang dargestellt werden kann. Der Gedanke, bockig, widersetzlich, ungehorsam, frech sein zu wollen, ist nicht vorhanden, weil das innerhalb eines Herdenverbandes sinnlos wäre und somit im Repertoire des Verhaltens nicht vorkommt. Das heißt, wenn wir Pferde so empfinden, ist es unser falsches Verständnis des Verhaltens, unsere menschliche Interpretation.

Die Tiere verbinden mit der Aktion nicht das, was wir unterstellen. Leistungsverweigerung oder böswilliges Nicht-Ausüben von Lektionen kann in einer Herde nicht vorkommen, darum hat die Natur es auch nicht als Ausdrucksmöglichkeit mitgegeben. Ihm diese Absicht zu unterstellen, ist ein menschlicher Denkfehler. Pferde können nur, was sie als Pferde in Herden brauchen würden: sie zeigen den Rang an, fordern Respekt ein, zeigen ihre Stärke, um den Rang zu bestätigen. Mehr ist es nicht und es ist immer richtig, das zu tun, aus der Sicht des Pferdes.

Natürlich kann man nicht ausschließen, dass Pferde in Gefangenschaft und im Umgang mit unserer Zivilisation auch Dinge lernen, zusätzliche Verhaltensweisen erwerben, die Wildpferde nicht kennen. Sie lernen, Türen zu öffnen, Futterzeiten zu kennen, dem Menschen die Stelle zu zeigen, an der sie gekratzt werden wollen, und all die vielen Lektionen und Tricks, die Menschen sich für sie ausdenken. Was sie aber nicht lernen können, ist schadenfroh und hinterlistig zu sein oder andere Gefühle zu entwickeln, die nur zu menschlich sind. In seinen Gefühlen bleibt sich das Pferd treu. Und das macht es auch so verletzlich.

In meinen vielen Jahren mit Pferden bin ich auch oft solchen traurigen Tieren mit schlimmen Schicksalen begegnet. Erfreulicherweise kann ich aber sagen, sehr vielen Pferden war einfach geholfen, indem man Zeit und Geld in Fachärzte investierte, wie kompetente Zahnärzte und Osteopathen. Schon in dem Augenblick, wo die Schmerzen verschwinden, ist auch die *Unart* vorbei. Pferde mit Blockaden in der Wirbelsäule können erhebliche Schmerzen haben und natürlich auch Bewegungseinschränkungen. Es ist falsch, über Strenge, Strafen oder Ausbinder Haltungen zu erzwingen, die das Pferd wegen körperlicher Einschränkung oder Schmerzen mit Schonhaltungen nicht bringen kann. Natürlich kostet das etwas, manchmal auch nicht wenig, da solch ein guter Tierarzt oder Osteopath auch eine längere Anreise hat und manchmal auch mehrmals kommen muss, wenn das Leiden schon längere Zeit besteht und nicht durch *eine* Behandlung dauerhaft behoben werden kann. Der Haustierarzt ist unter Umständen damit überfordert, da er nicht alles können kann und auch nicht muss. Dafür gibt es ja Fachärzte, wie bei uns Menschen auch. Dieser Facharzt mit seinem speziellen Blick und seiner Erfahrung kann ein wahrer Segen für ein Pferd sein. Wie oft habe ich das erfahren!

Ein sehr schwieriger, wenn nicht sogar gefährlicher Wallach kam vor einiger Zeit als Pensionspferd auf unseren Hof. Er gehörte einem jungen Mädchen, wurde von einem Händler aus Polen importiert und in Deutschland verkauft. Beim Händler war er reitbar, doch wie so oft, kaum gekauft, wurde er gefährlich und stieg teilweise schon in der Box und drohte Schläge an, wenn die Besitzerin in die Box kam. Es stellte sich heraus, dass er diverse Blockaden von den Hüften bis zum Genick hatte und sicher schon lange unter starken Schmerzen litt. Nach der Fachbehandlung in Kombination mit meinem Motiva-Training entwickelte er sich zu einem guten Pferd, das mit seiner Besitzerin ein schönes Paar bildet und froh und angstfrei von ihr geritten werden kann.

An dieser Stelle sei noch einmal erwähnt, dass ein „billiges" Pferd häufig ein teures Pferd ist. Und zwar dann, wenn man wirklich alles Nötige für es tut. So kommt schlussendlich doch ein nicht geringer Kaufpreis zustande. Ich will keineswegs davon abraten, ich appelliere lediglich an die Verantwortung, die dieser Schritt mit sich bringt. Geht man ihn in dieser Konsequenz, ist er gut für alle. Glaubt man sparen zu müssen und auf ärztliche Behandlung verzichten zu können, bleibt es häufig ein Leidensweg für das Tier und somit auch frustrierend für den Menschen, da das Glück dieser Erde gar nicht auf dem Rücken dieses Pferdes liegt.

In dem oben genannten Fall hieß das, dem Pferd nichts zu unterstellen, sorgsam nach seinen Gründen der *Unarten* zu suchen, Zeit, Geduld und Geld zu investieren, die Schmerzen von Fachleuten behandeln lassen, und seine lädierte Psyche aufgrund schlimmer Erfahrungen mit Menschen wieder zu heilen und Vertrauen zu Menschen über den Zugang herzustellen, den er auch verstand, und das war eindeutig das Motiva-Training. Bei diesem konkreten Beispiel hätte irgendeine Erziehungsmaßnahme, egal wie sie aussieht, dem Pferd das Steigen, Beißen und Treten nicht abgewöhnt. Entweder hätte sie gar nicht gefruchtet oder das Pferd hätte irgendwann mit noch mehr Angst vor den Menschen und deren Macht, strafen zu können, eingeschüchtert aufgegeben und mit vielen Schmerzen und gesteigerter Angst gelebt.

Diese wahre Geschichte steht hier beispielhaft für ungezählte andere Schicksale, die sich als „Pferde mit Unarten" zeigen.

Auf Koppen und Weben, Verhaltensstörungen von Pferden, die durch falsche Haltung, Überforderung in der Ausbildung oder falschen Umgang entstehen, soll hier nicht weiter eingegangen werden. Selbstverständlich sind hier alle Strafen falsch, das Tier zeigt ja durch diese Symptome bereits einen hohen Leidensdruck. Sie sind schwer zu therapieren, langwierig, dennoch ist es mir in enger Zusammenarbeit mit einsichtigen Pferdehaltern schon gelungen.

Zum Glück haben nicht alle Pferde eines dieser Probleme. Dennoch werden sie häufig gestraft und zwar für das „Vergehen": **Ungehorsam.**

Viele Menschen können einfach nicht akzeptieren, wenn Pferde sich dem eigenen Willen widersetzen, egal aus welchem Grund. Dazu gibt es noch einmal eine Geschichte, die mir ein einheimischer Bauer erzählte. Als er noch ein Junge war, sollte er mit dem Ackerpferd zu einem bestimmten Feld fahren. Dazu musste er einen kleinen Graben überqueren, was das Pferd verweigerte. Er versuchte alles, was ihm einfiel, aber es gelang ihm nicht, mit dem Pferd den Graben zu überwinden. Es hatte Angst und rammte seine Füße in den Boden. Irgendwann gab der Junge auf, fuhr wieder nach Hause und beichtete seinem Vater sein Versagen. Am nächsten Tag begleitete der Vater den Sohn zu dieser Stelle, um ihn zu lehren, wie man dieses Problem

schnell lösen kann. Er hatte auf dem Wagen ein Bündel Stroh mitgenommen. An der berühmten Stelle angekommen, legte er dieses unter den Pferdebauch und zündete es an. Sofort fing das Stroh an zu brennen und das Pferd machte einen Satz nach vorne und war über dem Graben. Stolz auf seinen Erfolg rieb der Bauer sich die Hände. Wenn er diese Geschichte zum Besten gab, erntete er Applaus und Bewunderung für die prima Idee und den guten Erfolg. Somit hatte sie ihren berechtigten Platz in der Sammlung der lustigen Anekdoten aus dem Bauernleben.

Auf meine Frage: „Und was war dann mit dem Pferd und was hat es jetzt dadurch gelernt?", erhielt ich keine wirkliche Antwort, sondern die Aussage: „Das war dann drüben!"

Mehr Gedanken machte man sich nicht dazu.

Diese Gedankenlosigkeit ist grundsätzlich eines der Probleme in der Erziehung und Ausbildung von Pferden. Dieses Pferd hat sicher nicht die Angst vor dem Graben durch brennendes Stroh abgebaut. Es hat auch nicht gelernt, du kannst dem Menschen vertrauen, in seiner Gegenwart bist du in Sicherheit. Das war dem Bauer auch egal, weil es nicht um das Tier oder seine Beziehung zu ihm ging, sondern lediglich darum, sich durchzusetzen. Will ein Pferd nicht in den Hänger gehen und wird dann hinaufgeprügelt, bestätigt der Mensch die Vorbehalte des Pferdes: Ein Hänger ist gefährlich, dem kann man nicht vertrauen, darum macht man am besten einen großen Bogen, sonst kommt der Schmerz! Demnach wird die nächste Verladung wohl kaum leichter gehen. Gibt das Pferd beim Schmied nicht die Füße, und der haut mal kräftig mit der Raspel zu und schreit, lernt das Pferd, der Schmied ist gefährlich, selbst unsicher, den sollte man meiden, sich nicht von ihm anfassen oder gar festhalten lassen.

Pferde ziehen aus ihren Erfahrungen ihre eigenen Rückschlüsse. Sie können nicht denken: Wenn ich dem Schmied, der ja nur mein Bestes will, die Füße gegeben hätte, wäre er freundlich gewesen und hätte mich gestreichelt. Die Schläge habe ich mir selbst zuzuschreiben, weil ich zickig war und ihn austesten wollte. NEIN!
Das Pferd kann nur in seinen Möglichkeiten, die ihm die Natur mitgegeben hat, handeln, lernen und entscheiden. Wenn irgendeine Aktion schmerzhaft ist, wird es versuchen, eine Wiederholung zu vermeiden. Dieses Pferdeverhalten machen wir uns gerne zu Nutze; zum Beispiel beim Elektrozaun. Berührt das Tier den Zaun und bekommt einen kleinen Elektroschlag, der sogar mehr Schreck als Schmerz ist, reicht es aus, dass diese Handlung nicht mehr wiederholt wird. Das Pferd merkt sich das und vermeidet den Kontakt mit dem Zaun, genauso wie mit dem Schmied, dem Hänger und allem, womit es in dieser Art Erfahrungen gesammelt hat. An diesem Beispiel wird deutlich: Manchmal will der Mensch, dass das Pferd sich unangenehme Situationen merken soll und manchmal nicht. So variabel ist nicht einmal der Mensch, geschweige denn ein Pferd.
Das meine ich mit gedankenlos. Es muss im Vorfeld überlegt werden, was ich dem Pferd vermitteln will, welche Rückschlüsse es aufgrund seiner Struktur ziehen wird, und das sind häufig ganz andere, als der Mensch plant oder erreichen will.

Es gibt neben dem Ungehorsam auch noch weitere Vergehen, für die gestraft wird. Zum Beispiel für die Aussage des Pferdes: *Ich kann nicht machen, was du willst, oder ich verstehe nicht, was ich machen soll.*
An dieser Stelle möchte ich gerne einen kleinen Abstecher machen und kurz über das *Verstehen* nachdenken.
Wenn wir egal was von dem Pferd verlangen, setzt das immer voraus, dass es verstehen muss, was es soll. Das ist gar nicht so einfach. Es muss also unsere Worte oder Zeichen, die wir dazu benutzen, deuten und in die Tat umsetzen. Das setzt absolute Eindeutigkeit der Sprache, also der Zeichen, voraus, um Missverständnisse zu vermeiden. Beim Reiten als „Gebärdensprache" sind die Missverständnisse vorprogrammiert, denn wer gibt beim Reiten schon fehlerfreie Hilfen? Aber selbst beim Umgang vom Boden aus sind Menschen aus Sicht der Pferde völlig uneindeutig, da wir Menschen spontan Gesten aus unserem Sprachgebrauch einsetzen, wie wir es unter Unseresgleichen gewöhnt sind. Zum Teil sind diese Gesten dem Pferd völlig neu, teilweise haben sie für es einen Wiedererkennungswert aus seiner Welt unter Pferden, aber mit einem anderen inhaltlichen Sinn. Da wird es schwierig, denn das bedeutet, wir verlangen von einem Tier eine gewisse intelligente Leistung, nämlich die Geste anders zu übersetzen, als es seine Sprache vorgibt.
Ich war 1974 in Indien und habe in Delhi am Flughafen auf Englisch einen Taxifahrer gefragt, ob er mich zum Hotel fahren könnte. Er schüttelte mit dem Kopf, was ich als ein NEIN interpretierte. Das fand ich sonderbar, weil er offensichtlich auf Fahrgäste wartete ... aber egal. Ich ging

zum nächsten und wiederholte meine Frage mit dem gleichen Ergebnis. Nach mehreren Versuchen wurde mir geholfen und erklärt, in Indien bedeute dieses Kopfwiegen „Ja!". An den Gesichtern der Taxifahrer war deutlich zu sehen, dass sie mich komisch und befremdlich fanden, denn sie sagten: „Ja, ich fahre.", und ich ging weg und fragte den Nächsten.

Ich denke, so ähnlich geht es den Pferden teilweise mit uns auch. Zwischen ihnen und uns bestehen auch solche sprachlichen Barrieren. Das macht nichts, wenn man sie kennen lernt und damit umgeht, was auch sein muss, wenn wir Wert auf Verständigung legen. Wir kennen das in zwischenmenschlichen Beziehungen gut. Den anderen zu verstehen setzt voraus, ihn verstehen zu *wollen*.

Dazu muss man sich in dessen Lage versetzen, versuchen, die Dinge aus seiner Warte und mit seiner Lebenserfahrung zu betrachten, keine Urteile und Vorurteile zu sprechen und sozusagen neutral an die Situation herangehen. Wenn das einfach wäre, wäre die Scheidungsrate geringer. Natürlich ist es schwierig und erfordert Feingefühl und Geschick und den allerbesten Willen, sich zu verständigen.

Nicht weniger braucht man bei den Pferden. Da kommt aber noch erschwerend hinzu, dass man nicht dieselbe Sprache spricht, also auch noch ein Fremdsprachenproblem hat.

Wenn ich also mit indischen Taxifahrern eine Verständigung möchte, ist es an mir, deren Gesten zu erlernen und mich auf ihre Kultur einzulassen. Ich kann nicht erwarten, dass das umgekehrt passiert und

die Taxifahrer meine Gesten lernen sollen, damit ich von A nach B gebracht werden kann.

Das gilt dann auch für uns, wenn wir Taxifahrer durch Pferd ersetzen. Man bewegt sich dort sozusagen auch in einer fremden Kultur, und es ist klug, sich damit vertraut zu machen, um dort zwanglos und sicher sein zu können.

Wenn die Voraussetzung für die Verständigung erfüllt ist, ist das natürlich wie bei den Menschen untereinander nicht gleich die Gewähr für den Erfolg. Neben dem richtigen Verstehen gibt es ja auch noch das falsche Verstehen. Das heißt, der Angesprochene geht davon aus, verstanden zu haben. In Wirklichkeit aber hat er etwas „falsch verstanden", es wurde anders gemeint als gesagt. Jeder kennt das.

Hat das Pferd seinen Menschen wirklich richtig verstanden, und weiß es genau, was es soll, dann kann es dennoch sein, dass es dies nicht tut. Nicht, weil es ein Verständigungsproblem hat, sondern weil es ein **Pferd** ist und ein Instinktwesen bleibt. Das heißt, in dem Fall, wo es der Situation nicht traut, und dafür gibt es unterschiedliche Gründe, lehnt es den Gehorsam dann ab, wenn der Mensch aus seiner Sicht nicht vertrauenserweckend genug ist, um seine Angst, Erinnerung oder sein Misstrauen zu überwinden. Auch wird es den Gehorsam verweigern, wenn der Mensch kraft seiner Stellung in der Beziehung nicht zu befehlen autorisiert ist, also niedriger im Rang steht als es selbst.

Zusammengefasst heißt das, Pferde werden in der Erziehung gestraft, wenn sie nicht machen, was wir wollen, egal, welchen Grund sie dafür haben. Es kann sein, sie haben Angst, Schmerzen, verstehen uns nicht, können es nicht oder wollen es nicht. In jedem dieser Fälle kommt am Ende heraus, dass sie es nicht tun.

Menschen haben sich im Laufe der Jahre viele unterschiedliche Strafen einfallen lassen. Sehr häufig wird mit irgendwelchen Gegenständen geschlagen, es werden Halfter eingesetzt, die auf der Nase Schmerz verursachen können, wenn der Mensch an der Leine ruckt. Jede Art Gebiss kann zum „Schmerzenmachen" hergenommen werden, und reicht das nicht, geht auch Stacheldraht im Maul (wird tatsächlich von Trainern praktiziert). Man bindet Pferden stundenlang die Köpfe hoch, nimmt das Wasser weg, damit sie Durst leiden, sie werden geschnürt und gebunden mit Schmerzen stehen gelassen, mit Sporen aufgestochen ... was soll ich sagen. Ich brauche diese Palette nicht zu erweitern. Das ist ja alles bekannt. Mir kommt es manchmal vor, als wenn Menschen aufhören zu fühlen und zu denken, wenn sie Pferde bestrafen.

In unserem Stall war einmal ein Pferdehalter, dessen junger Hengst öfter einmal in seine Tränke äpfelte. Als ich den Kot entfernen wollte, verbot er das mit der Begründung, „Der kriegt jetzt keine Tränke. Wenn er dann bis morgen kein Wasser hat, wird er lernen, nicht mehr da hin zu scheißen." Ein sonst völlig normaler Mann war nicht in der Lage zu begreifen, wie falsch das ist, und er hatte auch kein Gefühl für das Pferd, das im heißen Sommer keinen Tropfen Wasser bekommen sollte.

Der gleiche Mann kam mit seinem Hengst von einem Turnier. Das Pferd hatte bei großer Hitze zusammen mit einem Wallach viele Stunden auf dem Hänger gestanden.

Die Besitzerin des Wallachs nahm das Tier bei Ankunft auf dem Hof gleich herunter und tränkte es und ließ es sich wälzen und bewegen. Der Hengsthalter sah, dass sein Hengst auch gerne aus der Enge und Hitze des Hängers hinaus wollte, er wieherte und scharrte. Um ihm das abzugewöhnen und ihn dafür zu bestrafen, verordnete er dem Tier, noch eine Stunde auf dem Hänger stehen zu bleiben. Da es aber ein Pferd war, das nicht wie ein Mensch nachdenken konnte, stieg der Hengst verzweifelt, kam mit den Vorderhufen über die vorderen Stangen und verkeilte sich panisch in dem Hänger. Er stieß mit seinem Kopf oben an die Decke und es bedurfte eines gewagten Einsatzes von uns auf dem Hof, das Tier und den Besitzer, der das so nicht vorausgesehen hatte, zu befreien. Dieser war bei dem Versuch, den Hengst loszubinden, selbst unter die Hufe des Tieres gekommen, und man konnte von Glück reden, dass es relativ glimpflich ausging. Der Hengst wurde vom Tierarzt versorgt, er hatte einige Wunden, der Mensch kam mit blauen Flecken und Schürfwunden davon. Als beide befreit waren, meinte der Mann: „Weißt du, dass das ganz schön gefährlich war, Freundchen?" Das war alles, und in späteren Gesprächen zeigte sich, dass er immer noch nichts verstanden hatte. Wenn sein Hengst auf dem Weg zur Reithalle flehmte, weil ihm der Duft einer rossigen Stute in die Nüstern gestiegen war, wurde er zur Strafe 50 Meter rückwärts gerichtet, mit der Aussage: „Du sollst die Fratzen lassen."

Es ist nicht auszuschließen, dass auch hier das Strafen als eine Art Grundbedarf vorhanden war und alle möglichen Situationen dafür herhalten mussten.

Als Fazit ist zu sagen: Pferde werden von Pferden fast gar nicht gestraft. Es gibt wenige Erziehungssituationen, wo es einem Herdenmitglied nötig erscheint, das zu tun, da es kaum Vergehen geben kann. Alles, was das Tier lernen muss, ist, sich arterhaltend zu verhalten, die Regeln zu lernen und umzusetzen. Sobald es das kann, tut es das auch, weil nichts dagegen spricht. Pferde wollen gehorchen und sich unterwerfen, sobald sie den Sinn verstehen. Wir Menschen strafen Pferde häufig für Dinge, die sie nicht verstehen oder können. Dazu haben wir uns das Recht genommen, uns reichlich Strafen auszudenken, Gegenstände zu entwickeln, die uns beim Strafen helfen und den Menschen gegen Rückangriffe absichern. Die Strafen werden sehr häufig dann eingesetzt, wenn der Mensch an seine Grenzen gestoßen ist, irgendetwas durchzusetzen, wenn er sich hilflos fühlt oder hilflos ist.

In meinen Seminaren lasse ich manchmal einen Menschen ein Pferdegebiss fest mit der Hand umschließen, und ein anderer nimmt die Zügel in die Hand und „lenkt" oder hält das Pferd an. Der Mensch spürt dann, mit welcher Kraft an dem Gebiss in der Hand gearbeitet wird und versteht manchmal durch diese Übung, was da im Pferdemaul geschieht, wenn der Reiter „nur an den Zügeln zieht". *(Abb. 5)*

Diese Übung ist noch völlig harmlos, vieles andere würde man dem Menschen als Versuch ja gar nicht zumuten. Da sollte die Vorstellungskraft auch reichen, wie es ist, auf der Erde liegend geschlagen zu werden, selbst wenn man kein Fluchttier ist. Es werden ungezählte Gerten und Peitschen verkauft und viele davon auch zum Schlagen verwendet.

Ich kann auch an dieser Stelle nur noch einmal betonen: Strafe ist in der Erziehung fast immer ein Zeichen der menschlichen Hilflosigkeit, gepaart mit Unwissenheit und Unverständnis für das Tier. Und das können nur wir Menschen ändern, das Tier nicht.

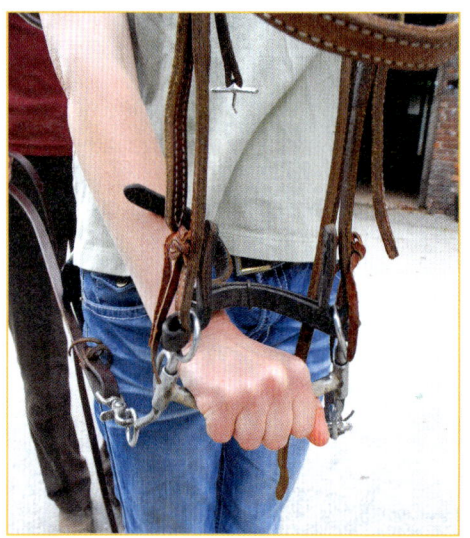

Abbildung 5: Kerstin Eggert und Ulrike Henke demonstrieren die Einwirkung des Gebisses im Pferdemaul.

2.3 DAS PFERD UND LOB

Jeder Mensch kennt aus der eigenen Kindheit und Schulzeit die Mischung aus Lob und Tadel. Mit der ist man aufgewachsen und so wurde man erzogen. Dieser Standard wird im mitmenschlichen Umgang sowohl erwartet als auch von klein auf verstanden. Das ausgesprochene Lob soll den Gelobten motivieren, dieses Verhalten zu wiederholen oder sogar zu steigern. Ein Mensch hat kein Problem damit, ein motivierendes oder aufmunterndes Lob zu verstehen, egal, ob die Anerkennung in Form von Worten oder Geschenken ausgesprochen wird. Solch eine intellektuelle Leistung kann ein Pferd nicht vollbringen. Hat man nun als Lehrer des Pferdes geschafft, sich zu verständigen und ist es einem gelungen, das Pferd zur Mitarbeit zu bewegen, dann möchte man natürlich das Tier auch dafür loben. Zum einen, weil man dadurch seiner eigenen Freude Ausdruck verleiht, verstanden worden zu sein und Erfolg gehabt zu haben, und zum anderen, um das Pferd dazu zu motivieren, dieses von uns gewollte Verhalten zu wiederholen, abrufbar zu machen.

Lob in unserem Sinne, wie wir es in der Kindererziehung einsetzen, kennen Pferde von ihrem Instinkt her nicht. Wir Menschen loben einander ja für viele Verhaltensweisen, die eigentlich völlig normal sind. Wir loben Kinder, brav gegessen zu haben, ins Bett gegangen zu sein und geschlafen zu haben, leise gewesen zu sein, wenn andere reden, hilfsbereit gewesen zu sein, um nur einige Beispiele zu nennen. All das sind eigentlich völlig natürliche Lebensausdrücke und keine vollbrachten Leistungen.

In Tiergesellschaften wird ein normales Verhalten der Jungtiere in der Erwartung der Elterntiere vorausgesetzt und Lob in unserem Sinne kommt nicht vor und wird nicht gebraucht. Was man bei Pferden erleben kann, ist, dass sie sich im Verhalten untereinander durch Abschnauben bestätigen. Ansonsten wird das richtige Verhalten einfach vorgelebt oder vorausgesetzt und das falsche gemaßregelt. Das reicht zur artgerechten Aufzucht in der Herde, da jedes Jungtier richtig sein und richtig leben will, das bringt es von seinem Instinkt her mit.

Wie schon im Kapitel über die Freundschaft erwähnt, können Pferde „Belohnungen" in Form von Karotten oder Leckerli nicht als „Lob" übersetzen, weil sie diese Gedanken, die wir damit verknüpfen, gar nicht denken können. Konditionieren kann man sie natürlich damit, aber wenn wir sie für ihr Verhalten bestätigen wollen, sodass sie es als solches verstehen, dann müssen wir uns ihrer Sprache bedienen. Das hat aber nichts mit Verabreichung von Nahrung zu tun (eben anders als bei Hunden und Wölfen), sondern das sind Gesten der Berührung oder unter Umständen das Abschnauben.

Teilweise funktioniert es auch, wenn wir das Pferd mit Menschenworten loben, denn wenn es auch den Sinn der Vokabeln nicht versteht, so spürt es doch deutlich an Stimme, Tonfall und Gesten unsere Freude an seinem Verhalten. Wenn es eine gute Beziehung zu uns hat, dann ist es bemüht, in uns diese Freude erneut hervorzurufen. *(Abb. 6)*

Abbildung 6: Shetlandpony versucht über vorsichtiges Beknabbern (Fesselbeuge/Stiefel pflegen) eine Nähe zum Menschen herzustellen.

Diese Tatsache hat in der Ausbildung erhebliche Vorteile. Man braucht nicht die Taschen voller Leckerli mit sich zu tragen und prägt Pferde nicht darauf, in unserer Kleidung nach Essbarem zu suchen. Pferde, die nicht erwarten, aus der Hand gefüttert zu werden, schnappen oder beißen in der Regel auch nicht. Diese Unart ist gefährlich und fast immer eine Folge der falschen Prägung in der Erziehung, Ausbildung oder Aufzucht.

Wenn Menschen Tiere ausbilden oder erziehen, werden fast immer „Futterbelohnungen" eingesetzt, schon weil man ja nicht von jeder Tiergattung, seien es Elefanten oder Raubkatzen, die Sprache so kennen und sprechen kann, um das Futter durch Gesten zu ersetzen, die diese Tierart untereinander einsetzen würde.

Bei Tieren, die nicht in sozialen Verbänden leben, sich also eher als Einzelgänger bewegen, ist viel weniger Kommunikation untereinander nötig und daher auch nicht vom Menschen imitierbar. Zum Beispiel brauchen Bären oder Nashörner Verständigungsgesten untereinander nur beim Revierverhalten und der Vermehrung, ansonsten leben sie alleine. Es gibt viel weniger Verständigungssignale als beim Pferd.

In der Ausbildung unserer Pferde, die uns viele Jahre unseres Lebens begleiten und so viel für uns lernen sollen, ist es sinnvoll, sie in ihrer Sprache zu lehren und ihnen den Wunsch, zu lernen und zu gehorchen, leichter und stressfrei möglich zu machen.

Viele Pferdetrainer praktizieren die Methode in der Ausbildung, das Pferd mit *Beendigung der Arbeit* zu belohnen, wenn es seinen Part richtig gemacht hat. Sie setzen voraus, dass es diesen Zusammenhang erkennt: Wenn es die Lektion so ausführt wie gerade eben, dann muss es nichts mehr tun. Es wird also als Belohnung gesehen, wenn der Mensch es in Ruhe lässt, die Arbeit mit ihm beendet. Das hat nur Sinn, wenn ihm die Arbeit nicht gefällt, wovon der Mensch offensichtlich ausgeht. (Bei Schulkindern würde das funktionieren.

Abbildung 7: Ausgiebige Zuwendung durch Fellkratzen

Nach fleißigem Lernen frei zu bekommen, würde als Bestätigung verstanden.)

Ist das nicht ein Zwiespalt oder Widerspruch, wenn man einerseits will, dass das Pferd sich auf uns Menschen freuen sowie mit uns arbeiten wollen soll, und andererseits wird davon ausgegangen, es will das gar nicht und wird durch Beenden der Zusammenarbeit für diese Arbeitseinheit belohnt?

Konsequenterweise heißt das doch, man ist sich im Klaren darüber, die Arbeit macht dem Tier keinen Spaß, darum freut es sich, wenn es fertig ist und erkennt sein Wohlverhalten an dem Beendigen der Arbeit. Wenn es in der Natur richtiges Verhalten zeigt, wird das durch Zuwendung und Abschnauben bestätigt, durch Freundschaftsbezeugungen wie Nebeneinanderstehen. Menschen machen fast das Gegenteil, wenden sich ab und bringen das Pferd aus der eigenen Gesellschaft weg. Ob das Pferd unser Handeln so übersetzt, wie wir das meinen, ob seine Interpretation unseres Verhaltens tatsächlich so ist, das wird von Trainern behauptet. Ich finde es sehr widersprüchlich und gewissermaßen hilflos, wenn man nur so Lernschritte bestätigen kann. Auf unserem Hof bestätigen wir das Verhalten durch ausgiebiges Zuwenden, Miteinandersein, Kratzen, wo es das genießt, kurzum ein freudvolles Zusammensein. *(Abb. 7)*

Viele Pferdebesitzer würden es als Einschränkung empfinden, auf die Verabreichung der Karotte zu verzichten. Sie mögen und brauchen das Gefühl, dem Pferd, das ihnen ja am Herzen liegt, eine Freude gemacht zu haben. Außerdem ist das Loben häufig kein geringerer Bedarf als das Strafen. Auch hier werden menschliche Emotionen ausgedrückt, wonach man sich besser fühlt. Man will eine gute Beziehung zum Pferd haben oder herstellen, sich dankbar zeigen für die gebrachte Leistung, sich versöhnen, falls es während der Arbeit Stress miteinander gab, sich von der besten Seite zeigen. Teilweise wirkt es auf mich recht hilflos, wie genau das alles versucht wird. Obwohl mit dem Pferd während des Trainings Deutsch gesprochen wurde und auch auf Deutsch geschimpft wurde, heißt es plötzlich mit beschwichtigender Stimme „Good girl" oder „Süße Maus". Viele Menschen nennen ihr Pferd in der Lobsituation anders als bei der Arbeit, es wird mindestens ein „I" hinten an den Namen gehängt oder eine andere Art der Verniedlichung gewählt. Es fühlt sich anscheinend für den Menschen richtiger an, wobei es für das Pferd wahrscheinlich leichter wäre, immer seinen Namen unverändert zu hören. Dem Menschen kommt das zu streng vor, es gibt einen deutlichen Bedarf, einen Zugang zu den Gefühlen des Pferdes finden zu wollen, und wenn es durch diese zweifelhafte Geste der Namensgebung ausgedrückt wird. Es ist ein Versuch, eine größere emotionale Nähe zu diesem Tier herzustellen. Das wird aus Unwissenheit so gemacht. Es scheinen kaum Alternativen bekannt zu sein.

Ich erlebe oft, dass Pferde, wenn sie zufrieden sind und sich freuen, das gerne anzeigen oder ausdrücken, indem sie laufen. Ein lockerer Lauf über eine Weide macht Spaß, und wenn ich es schaffe, das nach der Arbeit zusammen mit meinem Pferd zu tun, dann ist das zum Beispiel ein Lob, das es versteht. Wenn dieser Lauf die gemeinsame Verbindung darstellen soll, das Verstehen und die Freundschaft, dann sieht man es deutlich an der Bein-Aktion, die in dem Fall, wie von unsichtbaren Fäden gelenkt, synchron ist, egal ob da zwei Pferde laufen oder Mensch und Pferd. *(Abb. 8)*

Das tut beiden gut nach der Arbeit, und wenn man bedenkt, dass Loben in menschlichem Sinn unter Pferden nicht vorkommt, hat man hiermit eine sehr befriedigende Möglichkeit gefunden, seine Zufriedenheit und sein Wohlwollen zu bestätigen.

Das Positive daran ist der Bedarf des Menschen, das Tier freundlich bestätigen zu wollen. Wenn dieser Bedarf grundsätzlich vorhanden ist, dann braucht man nur noch den richtigen Ausdruck oder Zugang zum Pferd zu finden. Die wesentliche Grundvoraussetzung, die Motivation, verstanden werden zu wollen und Gefühle zu transportieren, ist ja schon da, und das Ziel, einen intelligenten und artgerechten Umgang mit seinem Pferd zu praktizieren, ist zweifelsfrei über das Motiva-Training zu erreichen.

Abbildung 8: Gemeinsame Freude beim freien Lauf über die Wiese als Zeichen einer vertrauensvollen Beziehung.

II. PRAXISTEIL

3. MOTIVA-TRAINING

3. MOTIVA-TRAINING

Ich besitze 50 Pferde und noch weitere 20 leben hier in den Herden. Dort kann ich sie beobachten und erforschen. Ich lebe hier mit den Tieren, kann sie zu allen Jahreszeiten und Tageszeiten sehen, sie laufen unter meinem Fenster entlang, und ich kann mit meinem Kaffee in der Hand auf ihren Weiden sitzen. Das ist ein Luxus und mein Forschungsfeld.

Außerdem erlebe ich wöchentlich viele Menschen, unsere Reitkunden, die mit den Pferden umgehen. Ich konnte studieren, *wie* an Pferde herangetreten wird, *wie* die Tiere auf Menschen reagieren, *wie* der ungeschulte Mensch mit der Reaktion des Pferdes umgeht. All diese Beobachtungen sind in meine Arbeit eingeflossen. Daraus hat sich ein umfangreiches Fachwissen sowohl über domestizierte Pferde und ihr Verhalten Menschen gegenüber, als auch über Menschen, die mit den Tieren umgehen, entwickelt. Jeder bringt andere Qualitäten, Erwartungen oder Ängste mit. Diese Botschaften der Menschen veranlassen die Pferde zu Reaktionen, die wiederum bei den Menschen eine Folgereaktion auslösen, sodass die Handlungsspiralen ihren Lauf nehmen.

Diese Erfahrungen sind in meinem Projekt verarbeitet und haben mich die menschlichen Vokabeln erforschen lassen, die man zur Pferdekommunikation braucht. Ich habe Hunderte unterschiedliche Paare Pferd/Mensch erlebt, und jedes war anders. Dennoch ließen sich mit der Zeit Gesetzmäßigkeiten ermitteln, aus denen ich meine Rückschlüsse ziehen konnte. So entstanden mannigfache Aufzeichnungen darüber, wie Pferde Menschen erleben, was Menschen unbewusst tun oder sagen, wie das gegenseitige Erleben empfunden und ausgedrückt wird. Hier erfuhr ich eindrücklich, wie fein Pferde auf seelische Vorgänge im Menschen ansprechen und damit umgehen. Viele Gesten für den Menschen konnte ich aus diesen nicht geplanten Dialogen herleiten, und sowohl im Motiva-Training als auch in Zufallssituationen überprüfen. Trotz des derzeit bereits großen Repertoires gehe ich davon aus, dass ich noch lange nicht am Ende der Erkenntnisse angelangt bin. Diese lebendige Welt der Pferde mit den Menschen birgt sicher noch Geheimnisse, die es zu entdecken gilt. Es ist eine spannende Arbeit und ich bin mittendrin.

3.1 EINFÜHRUNG

Es gibt inzwischen viele Pferdebücher auf dem Markt über Pferderassen, Stallbau, Fütterung, Krankheiten, Anatomie und ungezählte Reitlehren. Bücher über Pferdeverhalten kamen in den letzten Jahren hinzu. Es ist langwierig und aufwändig, Pferde über Jahre zu beobachten. Es gibt Studien über Wildpferde in der Camargue, der Mongolei, oder die scheuen Mustangs in den USA, aber ich habe mich bewusst dazu entschieden, domestizierte Pferde in *den* Herden zu beobachten, in denen wir Menschen sie zusammenfügen. Ich wollte wissen, was sie machen und was sie „sagen", wenn sie in diesen „künstlichen" Herden leben. Denn das sind schließlich die Pferde, auf denen wir reiten, mit denen wir Umgang haben. Diese Pferde sind seit vielen Generationen in Gefangenschaft geboren, unterschiedlich aufgewachsen und kennen das Leben und Überleben in Freiheit nicht mehr. Möglicherweise haben sie daher auch Verhaltensweisen sowohl abgelegt als auch dazu erworben, die sich durch dieses Leben ergeben.

In einer natürlichen Herde kennen sich die Mitglieder häufig schon von Geburt an, sie werden in die soziale Gemeinschaft hineingeboren. Dort lernen sie gleich von den Müttern und später von den anderen Herdenmitgliedern die Regeln und ihren Platz in der Hierarchie kennen und (er)leben jeden Tag die soziale Interaktion innerhalb ihrer „Familie". Sie werden damit groß, kennen alle feinen Signale ihrer Sprache und sämtliche Regeln, ermitteln im Spiel und später im Kampf ihre soziale Stellung, und erfahren auch als rangniedrige Mitglieder der Gemeinschaft Schutz und Sicherheit.

Bei den domestizierten Pferden ist das ganz anders. Vor 50 Jahren war es hier fast noch undenkbar, Pferde in Herden zu halten. Es gab noch vielerorts die Ständerhaltung, neben der damals komfortablen Boxenhaltung. Die sogenannte Offenstallhaltung oder Herdenhaltung hat sich erst allmählich

Abbildung 9: Freundschaften und Zufriedenheit innerhalb der Herde.

behauptet und ist zum Glück inzwischen schon in vielen Ställen gebräuchlich.

Dennoch werden in diesen Stallgemeinschaften von den Menschen *die* Pferde zusammengestellt, die nun einmal gerade in diesem Stall untergebracht sind. Die Pferde lernen sich erst als erwachsene Tiere kennen, sind unterschiedlich sozialisiert und erzogen. Dennoch ist es so, dass die Tiere, wie verschieden sie auch zusammengewürfelt sind, sich meist mit der Zeit nicht nur aneinander gewöhnen, sondern auch feste Freundschaften schließen. Der Wunsch nach sozialen Partnern ist scheinbar so groß, dass reichlich Zugeständnisse gemacht werden. Die Hauptsache ist, man lebt in der Herde, ist nicht alleine. Die Herde bietet Schutz und Sicherheit, jedes Pferd hat seine Position mit seiner Rolle und wird damit von allen akzeptiert. Dadurch entsteht wiederum eine Daseinsberechtigung und Selbstverständlichkeit, die zu einer inneren Ruhe in der Herde führt. *(Abb. 9)*

Wir haben zurzeit auf unserem Hof ca. 70 Pferde und Ponys. Sie leben in unterschiedlichen Gruppen zusammen. Eine gemischte Herde Shetlandponys mit Hengsten, Wallachen und Stuten im Alter zwischen knapp 2 und fast 20 Jahren, eine reine Wallachherde, drei Stutenherden, und eine gemischte Gruppe Wallache mit Stuten.

In all den völlig unterschiedlich zusammengestellten Gruppen mit sehr verschiedener Gruppengröße herrscht in etwa das gleiche Prinzip. Es gibt das Tier mit dem höchsten Rang und alle anderen rangieren sortiert dahinter. Wenn die Position einmal ermittelt ist, bleibt sie über lange Zeit so bestehen, Auseinandersetzungen finden fast nur statt, wenn ein neues Tier dazukommt. In der reinen Wallachherde ist das anders.

Da kommt es hin und wieder zu Rangeleien, die auch einmal ernsthafter werden, und bei denen es anscheinend um Machtverschiebungen geht. Dadurch änderte sich aber immer nur etwas innerhalb der Herdenhierarchie, nicht in der Spitze, das Leittier blieb dasselbe. Männlichen Pferden, selbst wenn sie Wallache sind, ist es anscheinend wichtiger, Positionen zu klären, als den Stuten. Diese sind mit ihrer Gruppe zufrieden, wenn sie strukturiert ist.

Wenn es also in unseren Herden meist gar nicht um den Rangwechsel geht, herrscht deswegen nicht Sprachlosigkeit. Im Gegenteil, es wird dauernd kommuniziert, die Herdenmitglieder stehen in Verbindung und es findet ein soziales Leben statt. *(Abb. 10)*

Bei den domestizierten Herden ist es ja nicht notwendig, dass das Leittier Futterplätze findet oder gegen Rivalen kämpft. Es wird dennoch der Rang bestätigt, Freundschaft gelebt, „Lebenserfahrung gemacht", gespielt, geschlafen und geruht.

In allen Herden konnte ich gleichermaßen ihre Vokabeln beobachten und ableiten. Auch die sozialen Regeln sind identisch, unterschiedlich ist nur ob, wann und wie sie eingefordert werden. Prinzipiell liegen sie aber dem gesamten Umgang miteinander zugrunde. Genau diese Vokabeln und Verhaltensweisen, diese ausgelebten Regeln, galt es zu identifizieren und nutzbar zu machen, um sie in der Ausbildung von Pferden und im Umgang mit ihnen einzusetzen.

Abbildung 10: Soziales Leben im Herdenalltag.

3.2 MOTIVA-TRAINING – WAS IST DAS?

Der wichtigste Unterschied zu allen anderen Lehren ist, dass es sich **nicht** um eine Arbeits- oder Ausbildungsmethode handelt, sondern die Lehre des artspezifischen und intelligenten Umgangs mit dem Pferd ist. Das schließt die Sprache der Pferde, ihr ganzes Kommunikationssystem, mit ein. Wenn man diese Sprache verstehen und sprechen kann, dann kann man sich dieses Wissens und der damit verbundenen Möglichkeiten bedienen, um das Pferd in jeder beliebigen Richtung auszubilden. Dabei spielt es keine Rolle, ob man die klassische Reitweise, das Westernreiten oder irgendeine Freizeitreitweise bevorzugt. Das ist völlig egal.

Wenn ich beispielsweise Franzosen etwas lehren will, würde das bedeuten, dass ich erst Französisch lerne, und dann im Anschluss alles in der Landessprache erklären und vermitteln kann. So können sie schnell verstehen, was ich meine, haben weniger Stress beim Lernen, und ich kann leicht verständlich machen, was ich vermitteln möchte. Der Französischkurs für *mich* ist aber keine Ausbildung für die Franzosen. Die Sprache zu lernen, das tue ich für mich, damit ich meiner anschließenden Aufgabe besser gewachsen und ein besserer Lehrer bin, weil ich mich dadurch verständlich ausdrücken kann und auch verstehe, was ich gefragt werde.

Bin ich dann nach dem Sprachkurs in Frankreich, werde ich merken, so leicht ist es nicht. Ich lerne im praktischen Umgang mit den Franzosen die Sprache und deren Lebensart erst richtig kennen. Sie sind meine Sprachlehrer. Sie verbessern mich, wenn ich etwas falsch sage, und ich höre und sehe, wie sie sich verständigen. Ich lerne außerdem auch ihre spezielle Art zu leben, hätte vielleicht nach vielen Jahren meinen deutschen Akzent reduziert und könnte mich nach und nach ein wenig wie ein Franzose fühlen.

Obwohl beide – Deutsche und Franzosen – Europäer und Menschen sind, unterscheidet sich ihre Lebensart, Kultur, und Tradition schon sehr. Wenn man nun bei Menschen in einem anderen Erdteil, den Massai oder einem Naturvolk Südamerikas wäre, dann wäre deren Kultur so anders, dass man sich kaum deren Regeln und Werte vorstellen oder sie annehmen könnte. Man bliebe bei allem Bemühen für diese Menschen wahrscheinlich häufig ein Fremder, dem sie nur bedingt vertrauen könnten, weil man sich so sehr unterscheidet. So ähnlich ist es auch, wenn man die soziale Gemeinschaft einer Pferdeherde betrachtet und versucht, dort als Mensch anerkannt zu werden.

Kommen wir auf die Sprache zurück, so ist auch das Motiva-Training ein Training *für den Menschen*. Er lernt die Sprache und viel über das Verhalten der Pferde und über sich selbst, um danach ein besserer und für die Pferde verständlicherer Lehrer sein zu können. Das Pferd wird dabei *nicht trainiert*, es kann seine Sprache schon und zeigt dem Menschen im Grunde nur an, was er gesagt hat, was richtig und falsch war. Es ist der „Sprachlehrer". *(Abb. 11)*

1. alle Vokabeln, die ein Pferd im Laufe der Zeit ausdrücken kann
2. die Gestenkombination im Zusammenhang mit den Gefühlen zu deuten
3. die Bedeutung des dargestellten Raums zu erkennen und damit umzugehen
4. das Bewusstmachen der sozialen Regeln der Pferde, und deren Umsetzung im Verhalten
5. die nötigen Gesten des Menschen, die das Pferd übersetzen und verstehen kann
6. eine Analyse der aktuellen Situation des Pferdes zu erstellen
7. eine sinnvolle Kommunikation zu führen
8. die Bewertung des Kommunikationserfolges
9. die Ermittlung des weitergehenden Vorgehens
10. das Wahrnehmen der eigenen Gefühle
11. Achtsamkeit

Abbildung 11: Das Pony antwortet dem Menschen auf sein Verhalten.

Mit anderen Worten lernt man, eine „Fremdsprache" zu verstehen und zu sprechen und sich mit einer anderen Kultur und deren Werten vertraut zu machen. Durch das Abbauen jeglicher Vorurteile und das Verständnis für diese Lebewesen mit ihrer Lebensart schafft man für sie Bedingungen, Vertrauen aufbauen **zu können und lernen zu wollen**.

Es geht also in diesem Motiva-Training darum, mit dem Pferd kommunizieren zu lernen. Im Gegensatz zu einer Ausbildungsmethode, bei der das Pferd einfach tun soll, was der Mensch sagt, soll es hier seinen Willen kund tun und seine „Meinung" äußern. Das Thema ist also nicht der Gehorsam oder das Erbringen irgendeiner Leistung des Pferdes.

Dazu ein kleines Beispiel:

▸ *Für Pferde gilt die Regel, wer den anderen zuerst berührt oder sich ihm ganz dicht nähern kann, hat den höheren Rang.*

Jeder Reiter oder Pferdetrainer kennt das Problem und die seitenlangen Abhandlungen darüber, wie man sich das Pferd „vom Leib hält", wenn es bei der Bodenarbeit einem dauernd auf „die Pelle rückt". Ganze Kapitel darüber stehen in Reitlehren, es werden Techniken gelehrt, wo und wie man die rechte Hand, die linke Hand, den Zügel, die Gerte halten und bedienen muss, um sich das Pferd auf Abstand zu halten, wie lange man genau dies oder jenes geduldig und konsequent mit ihm üben muss.

Die Tatsache, dass das Pferd dem Menschen zu nahe tritt, bedeutet, es hat aus seiner Sicht das Recht, in den Individualraum des Menschen einzudringen und das tut es ganz selbstbewusst und von der Richtigkeit der Aktion überzeugt. In einer Pferdeherde würde der hohe Rang gegenseitig durch Darstellung der sozialen Regeln mit Hilfe der entsprechenden Vokabeln abgeprüft und behauptet. Das hat der Mensch dem Pferd gegenüber noch nicht getan, also muss das Pferd aus seiner Sicht davon ausgehen, dass der Mensch auch kein Interesse daran hat, mit dem was er tut, die Rangordnung zu klären. Es kann ja nicht wissen, dass der Mensch seiner Sprache und Regeln nicht mächtig ist.

Aus Sicht des Pferdes kann man den Rang nur auf die den Pferden typische Weise klären und es denkt nicht, dass es sicher

noch andere Möglichkeiten gibt, Klarheit zu schaffen. Das ist für das Tier so. Wenn der Mensch mit Hilfsmitteln wie Gerten, Peitschen, Sporen, Gebissen, Schmerz, Schreien und Schimpfen und aus Pferdesicht komischen, unverständlichen Verhaltensweisen den Umgang pflegt, so bedeutet das für das Pferd nicht zwingend, ein Rangordnungsritual zu durchleben.

Außer in der Kommunikation mit seinesgleichen geht ein Pferd nicht davon aus, dass das, was gerade geschieht, mit seinem Rang etwas zu tun haben könnte. Jedem Pferd begegnen in seinem Alltag irgendwelche anderen Lebewesen, oder es macht Erfahrungen womit auch immer, niemals kann es das in den Zusammenhang von Rangordnung stellen, weil genau das nur innerhalb seiner Gattung ausgetragen wird und nur dort Sinn ergibt. In allen Tiergesellschaften mit unterschiedlichen sozialen Rängen bestehen Auseinandersetzungen darüber nur immer innerhalb der gleichen Gattung. Kein Büffel käme auf die Idee, mit einem Zebra um den Rang zu kämpfen. So geht ein Pferd von seinem Instinkt her nicht automatisch davon aus, dass Menschen sich mit ihm wegen des Ranges auseinandersetzen. Damit das Pferd unsere Absicht dennoch versteht und uns in diesem Ansinnen ernst nimmt, muss man in ihm die Erkenntnis herstellen, dass es dem Menschen gerade auf die Rangposition ankommt. Das geht aber nicht, indem man sich mit fragwürdigen Gesten aus der menschlichen Körpersprache und menschlichen Ansprüchen dem Pferd gegenüber gebärdet.

Stellen Sie sich einmal folgendes Bild vor: Ein unsportlicher, aggressiver weißer Jäger steht vor einer Gruppe starker Massai-

Krieger, schaut arrogant nach oben in die Gesichter, stampft mit dem Fuß auf und schreit: *„Ich Häuptling sein!"* Man kann sich ausmalen, niemand wäre beeindruckt und das Ganze eine Lachnummer. Was hätte dieser Mann den stolzen Stammesmitgliedern zu bieten? Nichts. Im Gegenteil, er spielte eventuell mit seinem Leben, falls die Massai nicht nachsichtig mit ihm umgingen, da sie so etwas nicht ernst nehmen könnten. Nicht anders mag der eine oder andere Mensch auf Pferde wirken, wenn er mit merkwürdigem Gestikulieren beeindrucken will.

Das bedeutet in der Konsequenz, man muss dem Pferd klar machen, was man von ihm will, in seiner Sprache, mit allem Wohlwollen und hoher Kompetenz. Erst wenn es das versteht und akzeptiert, sind Diskussionen auf der Rangebene möglich. Alles andere ist in Wirklichkeit nur der Versuch, zu erziehen oder auszubilden, indem man Macht demonstriert, geht aber am Instinkt der Pferde weitgehend vorbei. Auch ein Raubtier, das hinter einem Pferd herjagt, um es zu töten und dann zu fressen, ficht zu dem Zeitpunkt kein Rangritual aus. Entweder gelingt dem Pferd die Flucht oder nicht, in keinem Fall ergibt sich aus der Szene eine Erkenntnis, wer von beiden einen Rang bekleidet, lediglich, ob man überlebt, und dass dieses Wesen in Zukunft besser zu meiden ist.

Durch die traditionellen und weit verbreiteten Erziehungsmethoden ändert sich die Einstellung der Pferde Menschen gegenüber nicht dauerhaft. Man kann Verhaltensweisen abtrainieren, Pferde einschüchtern oder ausbilden, bis sie tun, was man fordert. Zusammengefasst heißt das: Sie gehorchen, weil sie Bedenken unseren

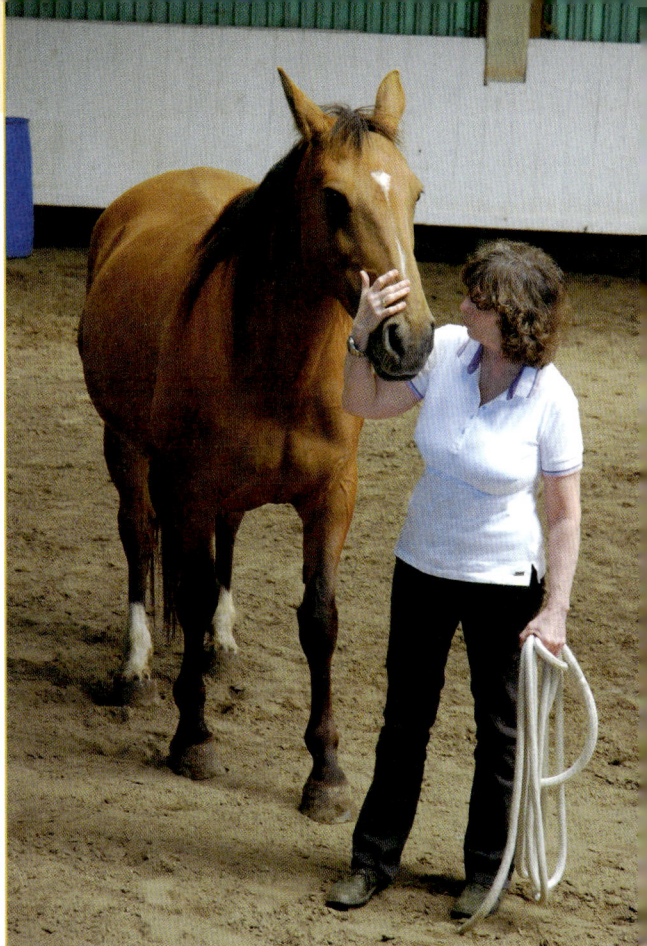

Abbildung 12: Zufriedenheit und Vertrauen nach vollendeter Motiva-Einheit.

Handlungsweisen gegenüber haben und Schmerzen vermeiden wollen. Sie sind uns Menschen gegenüber misstrauisch und schließen aggressives Verhalten nicht aus. Ein *instinktiver* Gehorsam kann daher nicht zustande kommen.

Achtet das Pferd den Menschen, weil dieser seine Führungsqualität im Sinne der Herdenregeln bewiesen hat, genießt er das Vertrauen des Pferdes und somit ist der Gehorsam obligatorisch. Er kann gar nicht in Frage gestellt werden. Das Pferd *will* gehorchen. (*Abb. 12*)

Aus seiner Sicht ist es kein „schwieriges Pferd", oder zickig, stur, bockig, weil Pferde das innerhalb ihrer Herden untereinander gar nicht sein können. Es empfindet sich als gut und richtig, weil es das in der Herde mit dem gleichen Verhalten auch wäre. Falls an seinem Verhalten etwas nicht korrekt wäre, würde es das sofort verständlich „gesagt" bekommen und hätte die unmittelbare Gelegenheit, sich zu korrigieren und wieder auf dem Freundschaftslevel zu sein. Strafe, weil es irgendetwas nicht kann oder sich nicht zutraut, kommt gar nicht vor. Dafür ist es auch nicht gewappnet und hat kein Programm oder Repertoire dafür, wie man als Pferd sein muss, um den menschlichen Ansprüchen zu genügen. Das hat die Natur nicht vorgesehen.

Seiner Natur entsprechend stellt es uns gegenüber seine Qualitäten dar, seine Kraft, seine Überzeugung von Rang, und auch seine Bedenken in Situationen, die sogar aus Pferdesicht oft schlau sind und das Überleben sichern. Es würde keine waghalsigen Sprünge machen, wenn es nicht dringend nottut, auch nicht, wie beim Hufeauskratzen, auf drei Beinen stehen, wenn man vielleicht fluchtbereit sollte, nicht langsam gehen, wenn man rennen will. Kurz, das, was wir fordern, ist nicht sein Ding, es widerspricht seiner Sicherheit. Dazu gehört auch, sich nicht einem Wesen einer anderen Gattung zu unterwerfen. In der Natur wäre das sinnlos, es ginge gar nicht, es käme für kein Wildpferd in Frage.

Wie bereits gesagt, habe ich mich deshalb mit meiner Forschung den domestizierten Pferden gewidmet, um zu sehen, was da anders ist, was ihnen durch die Domestizierung mit uns Menschen leicht und was schwer fällt. Was verstehen sie einfach, weil sie mit uns leben, und wo bleiben die Instinkte genau so, wie sie sind.

Nun zurück zu dem Beispiel mit dem Pferd, das uns bei der Bodenarbeit „auf die Pelle rückt".

Durch das Motiva-Training würde man dem Pferd verstehbar vermitteln, dass der Mensch kraft seines Ranges Recht auf seinen Raum hat, bis es auch davon überzeugt ist. Es würde das anschließend respektieren wollen, womit es das Problem gar nicht mehr gäbe, es bliebe auf respektvollem Abstand und überließe dem Menschen die Wahl der Distanz zwischen beiden, weil logischerweise der Ranghohe das bestimmt. Aus Pferdesicht wäre die Diskussion darüber schon beendet. Somit hat man durch meine Vorgehensweise ein Problem ursächlich in kurzer Zeit beseitigt, andernfalls dressiert oder konditioniert man das Tier so lange, bis es macht, was wir möchten. Dem Menschen keinen Raum zu lassen, ist das Symptom für die Einstellung des Pferdes zum Menschen. Ändert man seine Einstellung, ist das Symptom weg. Man erspart sich geduldiges, stundenlanges, konsequentes Üben, und man hat nicht das Risiko, dass die Lektion vergessen werden kann, weil es gar keine Lektion geben musste.

Wiederholt das Pferd „seine Distanzlosigkeit" nach einer traditionellen Bodenarbeit, dann war das, was man da mit ihm gemacht hat, keine Klärung des Ranges, dann hat man sich die Position des sogenannten Leittieres nicht erwirtschaftet. Denn wenn doch, würde das Pferd Respekt haben und diesen natürlich zeigen wollen. Also kann man selbst prüfen: Bleibt das Pferd „von der Pelle", hat man in seinem Denken etwas geändert; andernfalls hat man nur eine Schulung über Abstand gehalten, die dann in der Tat oft geduldig wiederholt werden muss, wenn das Pferd sein Verhalten dauerhaft ändern soll.

Das Thema ist gerade in Fachzeitschriften wieder aktuell. Es wird Respektlosigkeit genannt. Profitrainer raten, das Pferd aus erzieherischen Gründen rückwärts zu richten oder/und einen Ruck am Halfter zu geben, beziehungsweise einen „Klaps" mit der Gerte oder Hand, wenn der Rest nicht hilft.

Nicht einmal beim Menschen kann man Respekt vor dem anderen durch Druck oder Strafe erwirtschaften, sondern allenfalls Verhaltensweisen erzwingen, die dem Respekt ähnlich scheinen, aber die auch nur gezeigt werden, solange man die Strafe fürchten muss. An der inneren Einstellung ändert das nichts, Respekt wird dadurch nicht empfunden, im Gegenteil, es wird Zorn und Ablehnung geschürt.

Das bedeutet, wenn der Respekt des Pferdes fehlt, versucht man, ihn durch Maßregelung in unterschiedlicher Art und Weise zu erzwingen. Das geht aber wieder eher in Richtung Dressur oder Konditionierung als an die Ursachen heranzukommen und zu überlegen, warum der Respekt des Tieres nicht da ist. Wie

kommt es denn, dass ein Tier, das uns lange kennt und sicher auch mag, uns nicht respektiert und uns als rangniedrig behandelt? Wenn es das tut, ist es der Überzeugung, dass wir einen niedrigeren Rang haben als es selbst, was ja in seinem Sinn kein Makel ist, sondern nur mit der Konsequenz einhergeht, dass das Pferd den höheren Rang bekleidet und damit Rechte und Pflichten uns gegenüber hat. Und genau das lebt es in dem Moment mit uns aus, nicht böse oder frech, sondern überzeugt von den Gegebenheiten. Erzwingen wir in dem Moment nur ein anderes Verhalten von ihm, ohne seine Überzeugung zu ändern, dann bringt das in Wirklichkeit nicht viel.

Mit diesen Beispielen will ich noch einmal deutlich machen, dass Motiva-Training keine Schulung des Pferdes ist. Es lehrt den Menschen, durch sein Verhalten eine Voraussetzung für das Wesen Pferd zu schaffen, uns zu verstehen, mit uns für unseren Bedarf richtig umgehen zu können.

Das minimiert extrem die Gefahr für den Menschen, erhöht den Lehrerfolg, verkürzt die Lehrzeit und steigert die Lehr- und Lernfreude auf beiden Seiten.

3.3 PSYCHOLOGISCHE GEDANKEN ZUM MOTIVA-TRAINING

Es gibt bei Pferden eine „goldene Regel". Sie lautet: Gehorche nur einem Ranghöheren und folge keinem Schwachen. Daher versucht jedes Pferd herauszufinden, welchen Rang man hat, um anschließend zu entscheiden, ob es selbst das Sagen hat oder der Mensch.

Diese Erkenntnis ist nicht neu, sie kam als beinahe revolutionärer Gedanke vor ca. 20 Jahren auf den deutschen Markt. Es fing die Zeit der Pferdeflüsterer an. Diese schossen bald wie Pilze aus dem Boden, und es ging ganz schnell nicht mehr darum, sein Pferd zu verstehen, sondern **dominant** zu sein. Das lenkte davon ab, wie das Pferd ist; sein Wesen, sein Verhalten zu studieren. Es wurde mit Scheuchen und Wenden und Wegschicken, notfalls das auch wieder mit Gewalt oder Druck, ein anderer Weg der Ausbildung begonnen. Es wurden Halfter und Stricke entwickelt, die Schmerz bewirken sollten. Viele Laien praktizierten die sogenannte Bodenarbeit und fühlten sich groß und dominant. Kinder, Jugendliche oder ängstliche Erwachsene sagten mir: „Ich muss doch Chef sein!"

Meiner Ansicht nach ist es teilweise grotesk, wer da alles das Pferd dominieren will, und was sich unter „Chef des Pferdes sein" vorgestellt wird.

Das Leittier in einer Pferdeherde oder der Ranghöhere ist immer einer, der respektvoll mit den Mitgliedern der Herde umgeht, jemand, der sich das Vertrauen der Herdenmitglieder ehrlich erarbeitet hat, von ihnen nichts verlangt, was ihnen schadet oder unnatürlich wäre.

Das Leittier hat Mut und sichert für die Herde das Überleben. *Es wird gebraucht.*

Ein Mensch, der sein Pferd dominieren will, hat ganz andere Absichten. Er wird als Chef nicht gebraucht. Er braucht das Pferd und dessen Gehorsam, weil es sonst für den Menschen gefährlich wird oder er es nicht für sich nutzen kann. Dazu kommt, dass unsere Erfahrung von Chefs ein spezielles Bild von selbigem gemacht hat. Oft ist er nicht beliebt, einem fremd und unnahbar, und er bestimmt unbekannterweise über unser (Berufs-)Leben. Solch eine Position existiert in Pferdegesellschaften gar nicht.

Insofern ist die Bezeichnung irreführend, so wie viele andere Wörter aus unserer Sprache falsche Vorstellungen vom Umgang mit dem Pferd hervorrufen. Ich benutze grundsätzlich im Motiva-Training nur Aussagen, die ein Pferd auch wirklich selbst treffen kann, Worte oder Sätze aus seiner Sprache.

Ich habe beobachtet, wie Menschen bei der sogenannten „Pferdekommunikation" das Tier böse anstarren und das dann den „Schwiegermutterblick" nennen. Es gibt bei Pferden zwar Augenrollen, meist wenn Hengste miteinander kämpfen, aber der Vergleich ist fehl am Platze.

Gleichermaßen stellt sich das Pferd seinen Herdenmitgliedern gegenüber selbst auch nicht als Raubtier dar. Mein Motiva-Training braucht solche Vergleiche nicht.

Ich konnte auch nichts beobachten, was bei den domestizierten Pferden darauf hinweist, dass es den Menschen als Raubtier wahrnimmt. Im Sinne der Evolution sind wir für das Pferd auch nicht wirklich eine Gefahr, falls wir ohne Hilfsmittel sind. Das Pferd kann uns, wenn es keine Erfahrung mit uns hat, nicht unterstellen, dass wir mit Waffen anrücken. Ohne Waffen aber könnten wir als Mensch mit bloßen Händen und unserem Gebiss kein Pferd töten, eher umgekehrt. Wir könnten leicht von einem Pferd getötet werden. Ich habe auch nicht die Erfahrung gemacht, dass Pferden der Blick in die Augen Unbehagen oder Angst bereitet. Da sie die Augen seitlich haben, schauen sie sich untereinander ja immer an, wenn sie nebeneinander stehen. Sie schauen sich grundsätzlich in die Augen. Unmittelbar vor ihrer Stirn haben sie einen toten Winkel und wenn ich mit leichtem Abstand vor ihnen stehe und sie anschaue, ist es für sie einfach in Ordnung. In meinem Leben war ich bei ca. 30 Fohlengeburten dabei. Ich kenne die Aussage, dass Pferde nicht gebären, wenn man daneben steht, dass sie darauf warten, bis sie alleine sind, auch wieder mit der Begründung: Natur und Raubtier.

Bei den von mir miterlebten Fohlengeburten symbolisierten meine Augen nicht die Raubkatze oder machten Angst. Im Gegenteil. Wenn ich da war, konnte die Geburt losgehen, und mehrere Fohlen verdanken mir ihr Leben, weil ich dabei war.

Das basierte dann auf dem aufgebauten Vertrauen, der Einstellung zu mir und der Beziehung zwischen mir und der Stute, die wir uns gemeinsam erarbeitet hatten. Ich kann aus meiner Erfahrung sagen, dass Pferde nicht automatisch ein Problem damit haben, wenn man ihnen in die Augen schaut, denn wenn sie mich als ihresgleichen annehmen, dann kann ich schauen, wohin ich will. Aus ihrer Sicht bin ich vertrauenswürdig, auch wenn ich ganz anders aussehe als sie.

Ich wage zu behaupten, dass domestizierte Pferde ihren Menschen und das Menschengesicht grundsätzlich als etwas Vertrautes erkennen, sie erkennen unsere Gesichtszüge und deuten sie. Sie haben vor unseren Blicken oder unserem Augenpaar keine Angst. Allerdings erlebten wir in unserem Theater mit Pferden, dass, wenn dieses Gesicht sehr geschminkt ist, sodass man es nicht mehr zwingend als menschlich erkennt, die Pferde erst bei der Begegnung zögern und einen Moment brauchen, um sich zu orientieren. Selbst hier wird nach kurzer Zeit die Scheu verloren, sobald erkannt wird, dass es das Menschengesicht in einer veränderten Art ist. *(Abb. 13)*

Abbildung 13: Geschminktes Menschengesicht (Wollank) im Pferdetheater Pysall.

Meine Knabstrupperstute Mette war viele Jahre meine Vertraute. Wir kannten uns gut und liebten uns sehr. Sie sah mich von weitem und wieherte nach mir, kam an den Zaun und wollte Kontakt. Irgendwann ist sie im Alter erblindet. Seitdem sie mich nicht mehr sehen konnte, erkannte sie mich, indem ich ihr die Hand an die Nüstern hielt und mit ihr redete. Sowohl der Geruch als auch die Stimme sagten ihr, wer ich bin. Das bedeutet, sie hat jahrelang mein Gesicht und meine Augen angesehen und als gut und beruhigend empfunden. Keine Spur von Angst wegen meines Augenpaares. Wir sahen uns gerne in die Augen.

Unabhängig davon verlässt sich ein Wildpferd in der Natur viel weniger auf sein Auge als auf das Gehör oder den Geruchssinn. Wenn Pferde sich draußen schlafen legen, dann gerne in Windrichtung, um auch in der Ruhe den eventuellen Feind zu wittern. Ein geschickter Jäger weiß das und schleicht sich deswegen auch gegen den Wind an, weil er sonst keine Chance hat.

Obwohl der Hund ein Nachfahre des Wolfs ist und auch durchaus dem Pferd gefährlich werden kann, ist es so, dass ein domestiziertes Pferd nicht grundsätzlich Angst vor Hunden hat und vor ihnen flüchtet. Im Gegenteil, er wird in aller Regel einfach hingenommen und nicht weiter betrachtet, falls er nicht angreift. Das ist für mich ein weiterer Beweis, dass das Augenpaar des Hundes, das sich auf das Pferd richtet, keine Angst einflößt. Daraus lässt sich ableiten, dass es unser Augenpaar dann wahrscheinlich auch nicht tut, zumal wir in unserer Körperform noch weniger einem Raubtier ähneln als ein Hund.

Ich habe allerdings einmal erlebt, dass ein aggressiver Schäferhund in eine unserer Weiden eindrang und die Pferde jagte. In kürzester Zeit formierten diese sich in eine V-Form, mit der Leitstute an der Spitze und den Fohlen in der Mitte, und vertrieben den Hund in dieser Formation. Obwohl die Pferde keine gewachsene Herde waren, konnten sie sich blitzschnell verständigen und den Hund für immer vertreiben. Sie konnten unterscheiden, ob er etwas Böses im Schilde führte oder nicht, denn keine der Stuten war hinterher Hunden gegenüber ängstlich oder misstrauisch. Pferde haben eben recht feine Sinne für Gefahr im Sinne von Aggression und erkennen diese viel mehr am Geruch oder den Pheromonen als an dem Augenpaar.

Durch unterschiedliche unwissenschaftliche Behauptungen wurde die Bodenarbeit mystifiziert und vermarktet. Aus kommerziellen Gründen sind viele auf diesen Zug aufgesprungen und das Thema Pferdekommunikation hat sehr gelitten. Man kann es kaum mehr wertfrei verwenden. Daher möchte ich mich noch mal ganz entschieden von den diversen Pferdeflüsterern und ihren Methoden distanzieren und bin gerne bereit, hier auf meinem Hof zu zeigen, was echte Kommunikation mit Pferden ist, und wie sich diese von kommerziellem „Pferdeflüstern" unterscheidet. Ich verwende ausschließlich Vokabeln, die von Pferden für Pferde verwendet werden. Jedes Pferd hat die Möglichkeit zu sagen, was es will. Ich höre zu und verstehe es und gehe darauf ein. Daher erreiche ich, dass auch ich verstanden werde und das Pferd sich auf mich einlässt. Deshalb brauche und verwende ich keine Signale von anderen Lebewesen wie beispielsweise Raubtieren oder Schwiegermüttern.

Ich teile die Ansicht von Erik Zimen, dass sich Kommunikation in der Regel unter Tieren der gleichen Art vollzieht und Jagd, als eine gerichtete Aktion mit Flucht der Beute, in dem Sinne nicht als Kommunikation verstanden werden kann. Es würde auch in der Natur keinen Sinn ergeben, wenn der Jäger mit seiner Beute kommunizieren wollte. Er schleicht sich an, möglichst unbemerkt, damit er Jagderfolg hat. Jede Kommunikation mit seiner „Nahrung" wäre kontraproduktiv.

Ich behaupte, es ist nur sinnvoll und erfolgreich, „als Pferd" mit Pferden zu kommunizieren, aber nicht, sich erst als Raubtier zu gebärden und wenige Minuten später als irgendein harmloses Etwas. Es ist nicht Pferdesprache, wenn man mit Schnalzen oder Fingerzeig, wild wedelnden Armen oder Händen eine Reaktion beim Tier hervorruft. Natürlich ist es begrüßenswert, dass man sich grundsätzlich Gedanken über die gewaltfreie Ausbildung von Pferden macht. Aber ähnlich wie im Leistungssport geht es sehr oft um Geld und darum, wie man mit dem Sport(ler) selbiges verdienen kann, wodurch ein Nährboden für Doping und Bestechung entsteht.

Durch die Möglichkeit, im Internet Videos einzustellen, verbreiten sich neue Methoden um ein Vielfaches schneller als früher. Im Pferdebereich kamen also jede Menge „selbsternannte Wissende" auf den Markt, die zum Beispiel über Leitstutenprinzipien reden und durch merkwürdiges Rückwärtsgehen und Verabreichung von Leckerli erreichen, dass das Pferd zu ihnen kommt. Das ist gewaltlos, aber eben keine Pferdesprache, sondern harmlose Konditionierung.

Im Dominanzverhalten innerhalb des Herdenverbandes gilt die Regel, dass derjenige, der den anderen bewegen kann, ranghöher ist. Das macht man sich bei den Pferdeflüsterern zunutze, aber es ist teilweise schlimm, wie Pferde an Strick und Halfter hin- und hergezerrt, sowie zurück und vor geschickt werden, gerne auch, indem man ihnen den Strick ins Gesicht haut. Das ist aber längst nicht mehr wirkliche Kommunikation wie in Pferdeherden.

In dem Moment, wo das Pferd aufgehalftert und festgehalten wird, ist der freie Austausch wie in einer Herde schon nicht mehr möglich. Man sollte bedenken, nur wenn das Pferd alle Möglichkeiten hat, sich auch zu entziehen und wegzugehen, kann man diese Vokabeln sinnvoll, beziehungsweise ehrlich einsetzen.

Außerdem kann auch ein Schreck, ein Geräusch, eine Gefahr das Pferd oder die Herde bewegen. In dem Fall ist ranghöher, wer sozusagen „Entwarnung" gibt und die Herde oder das Pferd in seiner Muttersprache beruhigen kann.

An diesen Beispielen sieht man, dass es viele Leute gibt, die andere Wege suchen, wie sie mit ihren Pferden besser umgehen können, und dabei sicher auch guten Willens sind. Leider ist es dem Laien heutzutage fast unmöglich, die falschen Lehren von den richtigen zu unterscheiden. Grundsätzlich sollte man unterscheiden zwischen der Pferdesprache, also der Sprache, die die Tiere untereinander und miteinander benutzen, um sich mitzuteilen, und der Kommunikation mit dem Pferd, die oft Pferdekommunikation genannt wird.

Wenn man dem Pferd sagt: „Gib Huf ... zurück ... Schritt ...", kommuniziert man mit ihm, wenn auch in Menschensprache. Der Einsatz der menschlichen Körpersprache, zum Beispiel der erhobene Zeigefinger, die erhobene Hand, die gesenkte Faust oder auch Reiten, was eine Gebärdensprache ist, alles ist Kommunikation mit dem Pferd, aber es ist nicht die Sprache der Pferde. Diese ist nicht variabel, sie hat die Vokabeln und Regeln, die Pferde miteinander teilen, nichts anderes.

In meinen „Dialogen" mit Pferden, ausgeführt von meinen SchülerInnen oder mir, hat das Pferd immer die Möglichkeit, sich und seinen Bedarf darzustellen. Daher sieht jede Motiva-Trainingseinheit auch anders aus, gleichermaßen, wie sich ein Dialog unter Menschen niemals genau wiederholt. Sowohl die Dauer als auch die Inhalte der Dialoge sind sehr unterschiedlich, eben immer dem Bedarf des Pferdes angemessen, und es bestimmt mit, was es sagen will und worüber „gesprochen" wird. Das setzt natürlich auch voraus, dass ich viele sehr unterschiedliche Vokabeln anwenden und auch verstehen kann. Um diese differenzierten Dialoge im Sinne des Pferdes führen zu können, brauche ich die Kenntnis der sozialen Regeln gleichermaßen wie die Nutzung vieler sehr unterschiedlicher Aussagen oder Gesten. Je weniger sich meine Sprachkompetenz von der der Pferde unterscheidet, desto exakter sind die Dialoginhalte zu vermitteln, und genau das führt dann beim Pferd zu der Erkenntnis, verstanden zu werden.

Aus dem eigenen Leben kennt jeder den Wunsch nach diesem Verständnis in den unterschiedlichen Beziehungen. Dabei geht es sowohl um das Verstehen im inhalt-lichen Sinn als auch um die seelischen Vorgänge. Die Aussage: „Wir haben uns nicht mehr verstanden.", bedeutet meist, man hat sich getrennt. Das heißt aber auch, dass das Aufrechterhalten einer Beziehung, in der man sich nicht versteht, uns entweder sinnlos oder unattraktiv erscheint, weil genau das Verstandenwerden einen großen Teil des Wertes und Sinnes der Beziehung ausmacht.

Dieses Verstehen passiert nicht einfach so von alleine, sondern es setzt die Entscheidung voraus, den anderen verstehen zu **wollen**. Dazu muss man sich in dessen Lage versetzen, eventuell Teile seiner Biographie kennen und die Beweggründe erfahren, die zu bestimmten Handlungen führten. Kommt die Person aus einem anderen kulturellen Raum, kann es noch schwerer sein, Verständnis zu entwickeln. Eine Grundlage hierfür ist der ehrliche Respekt vor dem anderen, seinen Gefühlen und Werten.

Auf das Pferd übertragen, heißt das für mich, ein so genannter Dialog, der wie ein Abziehbild immer fast der gleiche Vorgang ist, nämlich Erschrecken mit Raubtiergesten und Scheuchen im Kreis in zwei Richtungen, bis man damit aufhört, hat wenig mit Verstehenwollen zu tun. Deswegen sieht diese Art der Bodenarbeit bei allen Leuten mit ihren Pferden auch sehr ähnlich aus.

Es ist eventuell hilfreich, in der Schulung von Pferden zu diesen Methoden zu greifen, und alles erscheint mir besser als traditionelle Grausamkeiten in der Ausbildung, doch das allein verdient nicht den Titel „Pferdesprache". Hier wird in erster Linie der Fluchtinstinkt des Pferdes vor Raubtieren genutzt, es wird nicht wie in einer Pferdeherde unter ihresgleichen kommuniziert, denn das sieht wirklich ganz anders aus.

Richtig ist es, Signale des Leithengstes der Herde gegenüber in die Kommunikation einzubauen. Diese allerdings brauchen oder dürfen nicht aggressiv sein, weil das zu keinem Zeitpunkt sinnvoll ist und falsch wäre. Der Hengst schützt die Herde auch dann, wenn er sie oder einzelne Herdenmitglieder einmal treibt. Es geht ihm nie darum, Beute zu schlagen oder Flucht auszulösen. Sein Treiben hat einen arterhaltenden Sinn, auf den später bei der Auflistung der einzelnen Vokabeln und Regeln noch näher eingegangen wird. Kommunikation zwischen höheren Säugern ist artspezifisch, sie ist nicht begrifflich, Geschehnisse werden nicht wie bei uns symbolhaft dargestellt. Abstrakte Zustände können nicht vermittelt werden. Es fehlt jede Syntax, das Tier ist nur in der Lage, seinen persönlichen **Ist**-Zustand zu vermitteln.

Das Leittier bekleidet in einer Pferdeherde den höchsten Rang. Daraus ergibt sich zwangsläufig sein Verhalten gegenüber und in der Herde. Aufgrund seiner sozialen Stellung hat es neben den Pflichten viele Freiheiten und Rechte in der Herde, und die Wahrnehmung genau dessen bestätigt die Position. Das bedeutet, es vermeidet nicht den Blickkontakt, es lobt die untergeordneten Herdenmitglieder nicht, es stellt für niemanden hilflose Situationen her, es macht sich niemals klein und harmlos, es beschwichtigt nicht, es stellt sich nicht als böse dar. Es ist einfach nur da, stolz und schön, friedlich und hochkompetent. Jeder, der ihm diesen Rang streitig machen will, muss in genau diesen Eigenschaften besser sein. Und es scheint mir falsch, all

das durch Aggression und Machtgebaren ersetzen zu wollen.

Wenn ich höre, dass ein Ausbilder zu Kunden sagt: „[…] in der ersten Stunde stellen wir Vertrauen zum Pferd her und anschließend machen wir […]" – was auch immer, so ist das für mich auch zweifelhaft. Wirkliches Vertrauen aufzubauen, ist ein längerer Prozess, der seine Zeit braucht. Nicht deutlich anders als bei uns, wenn wir einem Fremden begegnen. Es muss ein Kennenlernen stattfinden, in aller Ruhe nachgedacht werden können. Man macht Erfahrungen mit dem Fremden und langsam kann ein Vertrauen wachsen, wenn sich die Begegnung in der Erfahrung als positiv bestätigt. Dazu muss der „Antragsteller Mensch" gegenüber dem Pferd vertrauenswürdig sein und das beweisen. Aber wann und wie ist er genau das im Sinne des Pferdes?

Kommt ein neues Pferd in eine Pferdeherde, braucht es auch Zeit, bis man sich gegenseitig vertraut. Ich habe beobachtet, dass es Tage bis Wochen dauern kann, bis ein Pferd von den anderen akzeptiert oder als Freund angenommen wird. Es eilt ja auch nicht. Man lässt sich Zeit, den Neuen zu erleben und Erkenntnisse zu sammeln, wie er ist. Niemand drängt in der Natur, dass da etwas in fünf Minuten entschieden sein muss. Es gibt Menschen, die behaupten, wenn man in den ersten fünf Minuten nicht im Sinne des Pferdes angenommen würde, dann hätte man für den Rest der Beziehung Pech gehabt.

Wenigstens bei Pferden untereinander stimmt das so gar nicht und warum sollte es in der Pferd- Mensch-Beziehung anders sein?

Abbildung 14: 3-jähriger Tinker Mark mit Gertrud Pysall im freien Umgang auf der Wiese.

Und ist es nicht so, dass wir Menschen häufig dem Pferd nicht vertrauen, also auch umgekehrt ihm gegenüber Vertrauen aufbauen müssen? Wir sind doch häufig die, die ihm Zickigkeit, Austricksen oder böse Absichten unterstellen. Wir halten es knapp am Kopf fest, weil wir ihm nicht zutrauen, dass es bei uns bleibt. Das Misstrauen ist in hohem Maße auf der Menschenseite. Das muss abgebaut werden und das kann dauern, viele Stunden guter Erfahrung begleitet von einem guten Lehrer. Wo soll ein Pferd lieber sein als bei seinem Menschen, wenn man sich gegenseitig vertrauen kann? *(Abb. 14)*

Wir Menschen „schenken jemandem das Vertrauen". So heißt es. Wenn das so ist, muss der andere das Geschenk annehmen, damit die Interaktion funktioniert. Pferde nehmen das an, wenn es wirklich ernst gemeint und kein Trick ist. Menschen haben oft Probleme damit, Geschenke anzunehmen, in dem echten Sinn. Annehmen heißt, etwas damit tun, das Geschenk im entsprechenden Sinn verwenden, das Geschenk mit guten Gefühlen verbinden. Und das ist für viele Menschen schon eine

große Aufgabe und Herausforderung, auch unabhängig von dem Umgang mit Pferden.

Es ist natürlich nicht alles eins zu eins aus unserer Menschenwelt in die Pferdewelt übertragbar. Was man aber durchaus aus unserer Kultur verwenden sollte und worüber man nachdenken muss, ist die Lehre der Kommunikation an sich. Gerade in den letzten Jahren ist der Markt voll von Kursen über gewaltfreie Kommunikation. Das heißt vereinfacht gesagt, es ist nicht egal, wann und wie ich etwas sage. In diesen Kursen werden vor allem Führungskräfte unterwiesen, wie sie mit ihren untergeordneten Mitarbeitern sprechen sollen, damit es gut von selbigen angenommen und umgesetzt werden kann.

Im Umgang mit Pferden setzt der Mensch sein als „Krone der Schöpfung" erworbenes Recht voraus, Führungskraft zu sein. Der Gedanke heißt meist nur, genau das dem Pferd begreiflich machen zu müssen, aber im Prinzip sei man schon kraft seines Menschseins der Vorgesetzte. Dieser Denkfehler verhindert teilweise die Möglichkeit, beziehungsweise die Notwendigkeit, sich mit den Gefühlen und der Einstellung des Pferdes zu befassen.

Man braucht ein gutes Einfühlungsvermögen und den **Willen**, das persönliche Empfinden des Pferdes zu identifizieren, außerdem die eigenen Gefühle zu kennen und mit beidem in Kontakt zu stehen. Das wiederum ist die Voraussetzung, um ein „Sprachgefühl" zu entwickeln, eine Einschätzung darüber, wie das, was man sagt, bei dem anderen ankommt, welchen Eindruck man damit herstellt. Wenn man sich bewusst macht, dass grundsätzlich Emotionen dazu dienen, sich zu erinnern und sich Dinge zu merken, dann sieht man, wie wichtig es ist, dass und welche Emotionen von mir beim Pferd geweckt werden.

Dazu ein kleines Beispiel, das ich kürzlich im Internet beobachten konnte:

Ein junges Mädchen zieht ein Pferd an einem Halfter hinter sich her, bleibt stehen, das Pferd auch. Es tritt vor das Pferd, richtet es an dem Strick ruckend einige Schritte rückwärts, schaut zur Seite und streicht ihm über die Stirn, dann geht es wieder neben das Pferd, zieht es wieder vor, hält wieder an, tritt wieder vor das Tier, richtet wieder rückwärts ... und so weiter. Der Vorgang wiederholt sich etliche Male und war von Seiten des Mädchens als Vertrauen aufbauendes Verhalten gemeint.

Welche Gefühle hat nun das Pferd bei diesem Prozedere? Was bedeutet diese Strategie übersetzt in die Welt der Pferdesprache - in seiner Welt? Gibt es das dort überhaupt?

Nein, – kein Pferd tut Ähnliches mit dem anderen. Also, was kann ein Pferd in der Situation fühlen, wie soll es das verstehen? Es spürt in jedem Fall die Gefühle dieses Menschen, seine Stimmung, und ahnt den Anspruch an sich, wie es funktionieren soll. Alle domestizierten Pferde haben ja eigene Erfahrungen mit uns, und die werden jetzt angewendet.

Sicher ist, das Pferd kann jetzt nicht weg, es soll irgendwie mitgehen, auch hin und wieder zurückweichen. Das tut es, sinnvoll findet es das sicher nicht. Darum nimmt es auch bei jeder Wiederholung den Kopf etwas höher und zeigt sein Nichtverstehen und Unwohlsein, was allerdings leider von diesem Mädchen nicht realisiert wird.

Im Herdenleben wird ein Pferd von einem Ranghohen durchaus auch einmal zurückgerichtet, um denjenigen zu unterwerfen. Funktioniert es, dann ist das gesagt. Fertig. Das bedarf keiner Wiederholung, weil jeder von beiden sofort versteht und weiß, was das bedeutet, dem ist nichts hinzuzufügen. Wenn der Ranghohe das Rückwärtsrichten einfordert, nimmt er wahr, dass es umgesetzt wird, und damit ist die Unterwerfung ausgedrückt und Schluss.

Machen Menschen das aber wie eine Schullektion mehrmals hintereinander, entbehrt es der Pferdelogik und verliert sofort an Wert, zumal das Ganze an Halfter und Strick unfreiwillig erfolgt, und es zudem nicht einmal eine Aufforderung dazu in der Sprache der Pferde gegeben hat. Somit konnte dieses Pferd nicht wissen, was gerade das Ansinnen des Menschen war, nämlich auf der Basis der Pferdekommunikation den Rang klären zu wollen. Es taugt nicht einmal als Ausbildung oder Erziehungsmaßnahme, da das Pferd alles richtig gemacht hat, mitging, stehen blieb und freundlich war, Rückwärtsrichten traditionell aber als Maßregelung nach Fehlverhalten eingesetzt wird. Damit hat man weder Eindruck gemacht noch die Pferde-sprache sinnvoll verwendet, sondern leider gezeigt, von den Regeln der Pferde keine Ahnung zu haben.

Gesehen habe ich Ähnliches schon oft. Es ist gelebte und von Pferdeflüsterern gelehr-te Praxis. Es erinnert mich an folgende Si-tuation:

Ein Kind ist frech zu einer erwachsenen Person.

Die Mutter steht dabei und sagt zu dem Kind: „Entschuldige dich!"

Das Kind meint motzig: „'Tschuldigung." Es ist seinem Fehler gegenüber uneinsich-tig, plappert hin, was es soll, fühlt aber nicht so etwas wie Reue. Es tut ihm nicht leid, einen Fehler gemacht zu haben, es ändert dadurch sein Verhalten nicht, weil kein Verständnis oder eine Erkenntnis entstanden ist. Das Pferd, das an Halfter und Strick zurückgerichtet und wieder nach vorn gezogen wird, hat zwar nichts falsch gemacht wie das Kind, aber es be-kommt durch die Aktion auch kein Gefühl zu dem Menschen, das in Richtung Ver-trauen gehen kann, weil das, was da ge-schieht, eine nicht einsichtige und unlogi-sche Forderung für es ist. So bilden Pferde kein Vertrauen.

Sicher würde es zum Verstehen dessen, was ich gerade erklärte, beitragen, einmal die Rollen zu tauschen.

Wenn dieses Mädchen sich von jeman-dem so ziehen, stoppen, rückwärts richten lassen würde, und das mehrmals hinterei-nander, um zu merken, wie es sich selbst dann fühlt, würde es vielleicht spüren, dass man so sicher nicht den gefühlvollen Zu-gang zueinander findet und den Vorgang genau genommen nicht einmal versteht. Man wird unsicher in der Vorstellung, was man wie tun soll, was der andere von ei-nem erwartet.

Verständnis kommt von Verstehen. Wenn wir unsere Pferde wirklich verstehen wollen, dann brauchen wir Verständnis für ihre Art, ihr Wesen, ihre Gefühle. Da Kommunikation mehr ist als nur Sprache, lösen wir in jedem Umgang mit Pferden Gefühle aus.

Kommunikation als Interaktion zwischen einem Sender und einem Empfänger ist eine Form der Verständigung und bezie-hungsgestaltend. Wenn die Behauptung stimmt, man könne nicht *nicht* kommu-nizieren, dann gilt dies auf jeden Fall auch im Umgang mit dem Pferd. Wir Menschen haben Angewohnheiten, mit denen wir nichts ausdrücken wollen, wie zum Bei-spiel mit der Zunge die Lippen befeuchten oder das Haar aus der Stirn schleudern, die aber aus Sicht des Pferdes eine Bedeutung haben, Signale sind, auf die es reagiert. Vieles, was ich im Umgang mit dem Pferd erlebt oder beobachtet habe, gehört in die-se Kategorie. Und das ist mehr, als man erwartet.

Zum Beispiel: Ein Mensch steht in der Reithalle und schaut dem Pferd dabei zu, wie es läuft oder sich wälzt. Oder er will es einfangen und das Pferd läuft weg. Das, was wir als *Tätigkeiten* erleben, sind aus Sicht des Pferdes Gespräche. Meist denkt der Mensch nicht daran oder weiß es gar nicht. Er hat nur im Sinn, dem Pferd zuzu-schauen oder will „es nur holen". Bei jeder dieser Tätigkeiten findet ein Dialog statt, und wenn er einem nicht bewusst ist, dann hat das auch wieder Folgen für die nächste Aktion mit dem Pferd. Man sieht schon, *keine* Kommunikation geht nicht im Um-gang mit dem Pferd. Weil das so ist, sollte man wissen, was man gerade durch sein Tun ausdrückt, wie das menschliche Handeln vom Pferd übersetzt wird.

In den Dialogen mit Pferden steht der Inhaltsaspekt in direktem Zusammenhang zum Beziehungsaspekt. Das, was gesagt wird, hat unmittelbar mit der Beziehung zu dem anderen Pferd zu tun und ist meist von der Rangposition abhängig.

In der menschlichen gewaltfreien Kommunikation gibt es bestimmte Regeln, die einzuhalten sind. Diese sind teilweise auf den Pferd-Mensch-Dialog übertragbar.

In beiden Fällen ist es wichtig, sich selbst über seine Gefühle im Klaren zu sein, da sie den Ausdruck sehr stark mitbestimmen. Wenn man Angst hat, wird man sich anders darstellen, als wenn man wütend ist, oder im Stress anders wirken als in Ausgeglichenheit. Viele unserer Emotionen sind dem Pferd fremd. Es motzt nicht, ist nicht nachtragend, es kennt keine Intrigen, keine Rache, kein Selbstmitleid, es kann nicht „Schach spielen". Damit will ich sagen, es ist kein Stratege, der uns manipulieren will.

Das wird ihm zwar nicht selten unterstellt, aber in Wirklichkeit sind Pferde sehr unmittelbar, immer ehrlich und direkt, zeigen, wie sie denken, sind geduldig und verstecken keine Gefühle. Wenn wir von ihnen akzeptiert und als ihresgleichen gesehen werden wollen, was ja die Voraussetzung ist, um als Leittier aufzusteigen, dann ist das Erste, was wir lernen müssen, Ehrlichkeit uns und dem Pferd gegenüber; keine Spielchen, keine Intrigen, keine Wut, keine Ungerechtigkeiten, keine Ungeduld. Ich sage nicht, dass das leicht ist. Möglicherweise ist es sogar der schwierigste Schritt auf dem Weg, vom Pferd akzeptiert zu werden, um wirklich sein Vertrauen zu gewinnen und zu verdienen. In jedem Fall aber ein lohnender Weg, der, unabhängig vom Pferd, einen vielleicht „zu einem besseren Menschen" macht.

Das Pferd spürt genau, ob man das meint, was man sagt, oder ob man nur so tut. Ein junger begabter Schauspieler in England probte eine Szene eines Filmes. In diese Szene gehörte viel Gefühl und mittendrin kritisierte der Regisseur den Schauspieler: „You are acting!" Das sollte heißen, dieser junge Mann sollte nicht (schau-) *spielen*, *er wäre* in dieser Gemütsverfassung, er sollte es *sein*. So ist es auch mit uns und den Pferden. Wir können nicht tun, als seien wir ehrlich, wir müssen es sein. Wir können nicht so tun, als liebten wir Pferde, wir müssen sie lieben. Dann spüren sie es auch. Und das hat Konsequenzen.

Geradlinigkeit im menschlichen Denken und dadurch im Handeln fördert eine Einfachheit im Umgang. Schwierige Lerninhalte können nur durch unkomplizierte, verständliche Schritte vermittelt werden.

Der Motiva-Trainingserfolg liegt darin, dass das Pferd aktiv an seinem Lernprozess beteiligt ist, weil es versteht, was es soll, den Lernschritt aktiv mit uns geht und zu gemeinsamen Lösungen mit uns bereit ist.

Es entsteht eine Kooperation zwischen „Lehrer und Schüler", eine Gemeinsamkeit, Zusammenarbeit, weil beide an der Lösung interessiert sind.

Leider haben sich in unserem Lebensalltag viele Regeln eingeschlichen, die uns den Dialog mit dem Pferd erschweren. Wir lernen und üben zu selten, Gefühle zu transportieren und anzunehmen. Dazu nur ein Beispiel, das jeder aus seinem Alltag kennt:

Ein Mensch hilft einem anderen in einer wichtigen Sache. Daraufhin ist derjenige sehr froh und erleichtert und spürt ein tiefes Gefühl der Dankbarkeit. Das will er vermitteln und sagt:

„Ich danke dir sehr."

Der Helfer antwortet so etwas wie: „Dafür nicht, keine Ursache!", oder: „Nichts zu danken."

Der Dankbare spürt, sein Gefühl von Dank wurde nicht angenommen, und ruft hilflos:

„Du hast was gut bei mir!"

Es kann sein, irgendwann kommt es zu dem Moment, da der Helfer zu ihm sagt:

„Du schuldest mir noch einen Gefallen."

Bis dahin ist er mit einer Art Schulden zurückgeblieben. Kein gutes Gefühl.

Das kennen wir alle. Wie schön und entlastend, wie rund wäre es gewesen, wenn der Erste „Herzlichen Dank!" sagte und der Zweite antwortete: „Das bist du mir wert." Es würde beiden gut tun, so miteinander zu sprechen. Unser Sprachgebrauch hat andere Gewohnheiten entstehen lassen. Das ist einem meist gar nicht bewusst, aber unseren Gefühlen bleibt es nicht verborgen. Schon in der Kindheit lernen wir, höflich zu sein, wir werden diplomatisch, sagen täglich Dinge, die wir nicht meinen, und finden all das normal.

Beispiel:

Man liest gerade in aller Ruhe bei einer Tasse Kaffee die Zeitung. Es klingelt, die Nachbarin steht vor der Tür: „Störe ich?" „Nein, komm doch rein", antwortet man, denn man will sie nicht kränken.

Obwohl sie stört, sagt man das nicht, weil man weiß, sie wäre gekränkt. Also greift man zur Notlüge, zur Höflichkeitsfloskel. Wer kennt das nicht, und wer könnte nicht unzählige Beispiele anführen? Es geht mir nicht darum zu diskutieren, ob das richtig oder falsch ist, sondern klar zu machen, dass wir damit tagein und tagaus leben. Wir sagen ständig etwas, von dem wir wissen, dass es in Wirklichkeit anders ist, egal warum. Das schult unsere Wahrnehmung für die Wahrheit nicht mehr. Es läuft alles durch ein Raster, was man soll, was man darf, wie die anderen darüber denken; und wie es „da drin" aussieht, geht niemanden etwas an. Aber das Pferd interessiert sich *nur* dafür, „wie es da drin aussieht", weil es mit dem ganzen Rest nichts anfangen kann.

Um genau diese Ehrlichkeit neu erwerben zu können, hilft es, sich selbst besser zu kennen und sich mit seinem Bedarf zu verstehen.

Seit ewigen Zeiten ist es für uns Menschen ein hoher Reiz, von anderen Wesen wahrgenommen und anerkannt zu werden. Das drückt sich in vielen Filmen aus, die Publikumsrenner waren und sind. Früher waren es die Serien *Fury, Lassie, Flipper,* oder Figuren wie *Mogli, Old Shatterhand* und später *E.T., Mr. Spock, Bastian* in der unendlichen Geschichte. Es faszinierte die Menschen in den Filmen wie *Der mit dem Wolf tanzt, Twilight, Der kleine Vampir, Dragonheart,* um nur einige zu nennen.

Überall ist es ein anderes Wesen oder jemand mit besonderen Fähigkeiten, der mit dem Menschen Kontakt aufnimmt und über den dieser Mensch sich definiert oder sein Selbstbewusstsein aufwertet.

Abbildung 15: Das Pony Nebelhorn hat gelernt, den Menschen zu vertrauen.

Warum ist das so? Was wollen wir von diesen großen oder geschickten, starken, zauberhaften Wesen? Wie bereichern sie uns und was ist der Magnet, der so magisch auf uns Menschen wirkt?

In unserer nüchternen, realen Welt kann man sich ein „Fast-Fabelwesen" leisten: ein Pferd. Groß, schnell, so stark, dass es uns tragen kann. Das hat einen sehr hohen Reiz. Dieses Wesen soll uns lieben, es soll sich mit uns freuen, es soll auf uns warten und für uns (alleine) da sein. Gerade in der Freizeitreiterei ist das

nicht wegzudiskutieren. Damit sich ein Teil dieser Sehnsucht nach einer vertrauensvollen Freundschaft erfüllen kann, braucht der Mensch die Verständigung zwischen sich und dem Pferd. Und genau diesen Zugang zum Pferd findet man über das Motiva-Training. Darüber kann das Pferd uns als Artgenossen erleben, der zwar in einer für es anderen Erscheinungsform auftaucht, seinen Wert aber durch die Möglichkeit der Verständigung in der eigenen Sprache behaupten kann. *(Abb. 15)*

4. KOMMUNIKATIONS-SYSTEM

4. KOMMUNIKATIONSSYSTEM

Ich habe die Pferdesprache als *Kommunikationssystem* bezeichnet, weil sie sich aus verschiedenen Elementen zusammensetzt, die sich aufeinander beziehen, sich wechselweise beeinflussen und zusammen die komplexe Sprache als geschlossene Einheit ausmachen.

Dieses System setzt sich aus den Stimmlauten, den Gesten oder der Körpersprache und dem dargestellten Raum zusammen. Allem zugrunde liegen die sozialen Regeln, die in einer solchen Gemeinschaft wie Gesetze einzuhalten sind. Sie beinhalten grundsätzlich das Wissen darüber, wer was in der Herde darf oder muss, woran man das erkennt, wann dieser Zustand wechselt und wie man damit umgeht.

Zum Begriff Körpersprache ist zu sagen, dass sehr viele Tiere oder auch wir Menschen über eine Körpersprache verfügen und diese bewusst oder unbewusst einsetzen. Wir schlagen die Beine übereinander, verschränken die Arme, ziehen die Augenbrauen hoch, rümpfen die Nase. Alles bedeutet etwas, ist eine Aussage. Hunde legen sich in ihrer Körpersprache auf den Rücken, wenn sie sich ergeben; sie ziehen die Lefzen hoch, wenn sie drohen, wedeln mit dem Schwanz, wenn sie sich freuen. Vögel zeigen im Balzverhalten regelrechte Tänze und Knickse, sie zeigen körpersprachlich ihr Ansinnen der Werbung. So haben die unterschiedlichen Gattungen ihre eigene Körpersprache. Es wurde einmal ein Experiment durchgeführt, bei dem man Pudel mit Schakalen kreuzte. Man nannte die Nachzucht Puschas.

Der Pudel als Hund wedelt mit dem Schwanz, wenn er froh ist, der Schakal schlägt mit dem Schwanz, ehe er angreift. Bei den Puschas gab es welche, die wedelten und auch welche, die nach der Schakalmanier vor dem Angriff mit dem Schwanz schlugen. So waren Missverständnisse vorprogrammiert, da sowohl die gute als auch die böse Absicht in der gemischten Gruppe missverstanden wurde. Sie waren wörtlich wie Hund und Katz miteinander. Sie konnten ihre unterschiedlichen Körpersprachen nicht deuten. Das gesträubte Nackenfell hingegen bedeutet bei beiden, sich groß zu machen und dem Angreifer zu präsentieren, ihn beeindrucken und eventuell in die Flucht schlagen zu wollen. Pferde zum Beispiel sträuben nicht ihr Fell, sondern machen sich groß, indem sie den Schweif entsprechend tragen und sich aufrichten. Beim Angriff legen Pferd und Hund die Ohren an. Man muss also zwischen den unterschiedlichen Gesten differenzieren und zuordnen, wer was tut.

Es gibt also bei vielen Lebewesen eine Körpersprache, die der jeweiligen Gattung zugehörig ist. Deswegen können wir Menschen nicht mit unserer Menschenkörpersprache mit den Pferden sprechen, weil sie ihre eigene Körpersprache verwenden und unsere nicht verstehen. Wenn ich mit dem Begriff Körpersprache in diesem Buch umgehe, dann meine ich die Körpersprache der Pferde, die zum Beispiel komplett ohne Hände stattfindet, weil Pferde nun einmal keine Hände haben und diese deswegen in ihrem Körpersprachenprogramm auch nicht vorkommen. Dafür müssen wir Menschen auf den Einsatz unserer Ohren verzichten, da wir diese i.d.R. nicht willentlich bewegen können.

Daraus ergibt sich auch logischerweise, dass die Körpersprache alleine noch nicht die gesamte Kommunikation darstellt, sondern nur ein Teil dessen sein kann.

Wir Menschen sind von klein auf damit vertraut, dass es Regeln, Verbote und Gebote gibt, an die wir uns halten müssen. Manche schützen unsere Gesundheit oder das Leben und andere schützen den anderen aus der Gemeinschaft. Ohne Verkehrsregeln zum Beispiel gäbe es ein gefährliches Chaos auf den Straßen. Ohne Gesetze würde vieles nicht funktionieren.

Im Laufe der Zeit hat es bei den Menschen leider dennoch viele Gesetze und Gesetzgeber gegeben, die zum Schaden von einzelnen oder auch der Menschheit führten.

Das ist in Tiergemeinschaften nicht so, weil sie nicht willkürlich Regeln aufstellen, die die Untertanen gnadenlos zu befolgen haben. Es gibt keinen Machtmissbrauch.

Alles hat sich aus der Logik der Natur entwickelt und dient der Arterhaltung. So haben sich bei Flucht- und Beutetieren natürlich andere Notwendigkeiten ergeben als bei Raubtieren und Beutegreifern. Bären oder unterschiedliche Raubkatzen leben und jagen alleine, und andere, wie Löwen zum Beispiel, jagen im Rudel, weil es sich bewährt hat. Sie säugen auch gegenseitig ihre Jungen, was in vielen anderen Tiergemeinschaften nicht üblich ist. So hat jede Tierart im Laufe der Evolution Verhaltensweisen und Regeln geschaffen, die sich bewährten und das Überleben der Art am besten sicherten.

In Raubtierrudeln beziehen sich sehr viele Regeln auf das Jagdverhalten und das wird gnadenlos gelehrt und eingefordert, weil das Rudel nur so überleben kann. Bei Fluchttieren oder anderen Tierarten, die in Gemeinschaften leben, ist es oft das Wissen und die Kompetenz des Leittieres, wodurch die Gruppe Sicherheit erfährt. Elefanten haben eine Leitkuh, die durch ihre Lebenserfahrung weiß, wann man wohin ziehen muss, um Wasser oder Futter zu finden, welcher Jungbulle mit wem verwandt ist und zum Decken der Töchter nicht in Frage kommt. Ihr widersetzt sich niemand, weil jeder froh ist, sie zu haben. Denn ohne ihr Wissen ginge vieles gar nicht. Man hat beobachtet, wenn solch eine Leitkuh erschossen wird, dann fällt eine Herde häufig völlig auseinander und die einzelnen Elefanten überleben oft nicht.

Den Elefanten können Raubtiere kaum gefährlich werden, wenn man von den Neugeborenen absieht. Sie brauchen keinen Bullen, der die Herde beschützt, sondern jemanden, der sie durch Dürren und schwierige Zeiten führt. Sie werden 50 bis 60 Jahre alt und sind auf die Erfahrungen der ältesten und wissendsten Leitkuh angewiesen.

Pferde werden nicht so alt und bekommen auch jährlich ein Fohlen, es herrschen andere Prioritäten. Zusätzlich zur Leitstute, welche die Herde führt, gibt es den Leithengst, der in erster Linie seinen Harem zusammenhalten will, um seine Gene weiterzugeben. Er hält Rivalen fern und im Zweifelsfalle auch das Raubtier, das die Herde angreift. In erster Linie aber geht es bei all seinen Kämpfen um sich und seine Rechte, denn auch bei Ponyarten, die in ihrer Heimat nicht mit Raubtieren konfrontiert waren, weil es dort so gut wie keine gibt, kennen wir das gleiche Hengstverhalten.

Das kann ich in unserer reinen Shetlandponyherde gut beobachten. Es sind 30 Tiere, die viel miteinander spielen. Wenn eine Stute rossig ist, kann es zu ernsteren Auseinandersetzungen kommen, wenn zwei männliche Tiere Ansprüche anmelden. Ansonsten haben sie ein viel geringeres Fluchtverhalten als Pferde und auch andere Rituale. Es wird viel auf engem Raum ausgetragen, was zu der Landschaft der Shetlandinseln passt. Manche Rituale sind gleichermaßen wie bei unseren Pferden zu beobachten, aber zum Beispiel „Kruppedrücken" kenne ich nur von ihnen. Dabei stellen sie sich so dicht mit den Kruppen aneinander, dass sie sich gegenseitig wegdrücken können. Wer den anderen verschieben kann, hat gewonnen. Eine sehr feine Kampftechnik, die immer ohne Blessuren abgeht und sehr aussagekräftig für die beiden Beteiligten ist. Der Sieger wird sofort akzeptiert. Was auch sehr häufig zu sehen ist, ist das Beißen in den Widerrist eines anderen. So entsteht ein Nebenei-

nanderlaufen auf Schulterhöhe, was eine Freundschaftsbezeugung ist. Pferde stellen auch auf diese Weise Freundschaft dar, aber sie erzwingen es nicht. Shettys setzen das so durch und man könnte es menschlich ausdrücken, „sie unterwerfen den anderen in Freundschaft."

Eine ihrer Spezialtechniken ist auch, den anderen ins Hinterbein zu beißen und selbiges nach vorne zu ziehen, sodass derjenige sich hinsetzen muss. Eine starke Geste, die aber bei Großpferden von mir nicht beobachtet wurde.

Shettys legen auch viel weniger Wert auf die Einhaltung des Individualabstandes; es gibt sogar Zeiten am Tag, wo mehr als die Hälfte aller Tiere ganz eng beieinander liegt und schläft. Einige wenige bewachen den Schlaf der Freunde. Das passiert auf engstem Raum und wenn noch eines schlafen gehen will, dann betritt es vorsichtig den „Schlafsaal" und sucht sich ein Plätzchen, wo es noch hinpasst. Das kann so eng sein, dass es ein wenig auf ein anderes Shetty zu liegen kommt, und auch das wird geduldet. Sie zeigen eine sehr starke

Abbildung 16: In ihrem „Schlafsaal" liegen Shettys gerne dicht beieinander. Individualdistanzen müssen nicht eingehalten werden.

Zugehörigkeit zueinander, mehr als die meisten Großpferde. *(Abb. 16)*

Vor zwei Jahren kauften wir einen Minishetlandwallach, der aus einer schlechten Haltung befreit worden war. Er hatte lange alleine gelebt, ohne Pferdegesellschaft, und war sehr zurückhaltend und unsicher den anderen Ponys gegenüber. Er verhielt sich wie ein Einzelgänger und nahm keinen Kontakt zu den Shettys auf. Er stand viel alleine, aber nach mehr als einem Jahr bildeten sich zarte Freundschaftsbande zwischen ihm und zwei anderen Wallachen, und inzwischen sind sie fast unzertrennlich. Sie essen zu dritt, gehen zu dritt, dösen zusammen und ein weiteres Jahr später schaffte er es sogar, in ihrer Nähe zu schlafen. Zwei Jahre lang hatte er sich nicht hingelegt. Im Schutz dieses Trios bewegt er sich sicher in der Herde und frisst in der Gesellschaft aller im Stall mit. Der Gemeinschaftssinn der beiden hat ihm geholfen, wieder ein Mitglied einer Herde werden zu können. *(Abb. 17)*

So hat sich jede Tierart den eigenen Bedürfnissen nach entwickelt, und auch innerhalb einer Art sind sie geprägt von der Landschaft und ihren Lebensbedingungen.

In unseren domestizierten Herden kommen außerdem auch viele kastrierte Hengste, also Wallache vor, die durch die Kastration in größeren friedlichen Gemeinschaften leben können, was bei so vielen erwachsenen Hengsten in der Natur sinnlos und auch unmöglich wäre. Für mich war es daher spannend zu beobachten, welche Rituale, Regeln oder Gesetze

Abbildung 17a: Herr Prinz und seine Freunde Spock und Sandokhan.

sich in Herden dieser Art unter den heutigen Haltungsbedingungen entwickeln, und welche Sprache diese Tiere sprechen, die nicht immer in Herden aufgewachsen sind. Was bringen sie instinktiv mit und was wird bei diesen Stallbedingungen erlernt? Welche Regeln liegen dieser Sprache zugrunde?

4.1 DIE REGELN

Vorab muss gesagt werden, dass natürlich niemand in den „Gedanken" des Pferdes sprechen kann, da man nicht weiß, welche Begriffe sie denken, welche Betitelungen sie für etwas haben. Selbst wenn sie in unseren Worten reden könnten, würden wir sie nicht verstehen, weil sie ihre eigene gewachsene Begrifflichkeit hätten. Wir Menschen sind aber darauf angewiesen, unsere Vokabeln als sinngemäße Übersetzung zu benutzen, um über die Sprache der Pferde reden zu können, weil sonst keine Verständigung über das Kommunikationssystem der Pferde möglich ist. Natürlich ist alles eingedeutscht und in unsere Menschensprache übertragen, um Inhalte der Rituale in für uns verständliche Worte zu fassen und erklären zu können. Es ist also eine erklärende, für uns verständliche Beschreibung der Inhalte und nicht der Anspruch der Simultanübersetzung. Ähnlich wie wir es auch von uns Menschen kennen, haben die Pferde miteinander Rituale, die das Umsetzen der Regeln erleichtern und sich unblutig und dennoch wirkungsvoll befolgen lassen.

Die Rituale zu einer Regel können sich im Laufe der Zeit verändern. Dazu noch einmal erklärend ein Beispiel aus unserer Menschenwelt:

In den 50er Jahren lautete die Benimm**regel** in Deutschland für das Grüßen anderer folgendermaßen:

Jüngere grüßen den Älteren zuerst, Männer grüßen Frauen zuerst, gesellschaftlich niedriger Stehende den höher Stehenden zuerst.

Das Begrüßungs**ritual**: Mädchen geben die Hand und knicksen dabei, Jungen machen einen Diener und Herren begrüßen mit Handkuss, Damen knicksen, reichen den Handrücken zum Kuss. Die Regel ist im Grunde so geblieben, die Rituale haben sich geändert. Dadurch, dass die Regel nicht unterrichtet und eingefordert wird, es kein gültiges Ritual mehr gibt, wird zum Teil gar nicht mehr gegrüßt oder nur ein „Hallo!" gerufen, oft ohne dass man angeschaut wird. Soziales Verhalten ist nicht grundsätzlich angeboren. Es muss vorwiegend von den Eltern gelehrt und vermittelt werden. Wird das versäumt, erschwert sich in Folge der gemeinsame Umgang miteinander, und auch die eigene Entwicklung des Kindes zu einem lebensfähigen und konfliktfähigen Erwachsenen kann scheitern. Viele Kinder spüren oder kennen das Gefühl von echtem Respekt Erwachsenen gegenüber nicht mehr, und das Leben miteinander hat sich vielerorts erheblich erschwert. Unter den heutigen Bedingungen ist es zum Beispiel viel schwieriger zu lehren, weil es nicht mehr normal ist zu schweigen, wenn ein Lehrer spricht, aufzupassen, zu tun, was er sagt und sich grundsätzlich respektvoll dem Erwachsenen gegenüber zu verhalten. Nicht umsonst haben sich in speziellen Menschengruppen, wie zum Beispiel in Klöstern oder bei der Bundeswehr, relativ strenge Regeln und Rituale erhalten, um die Umsetzung der Ziele zu sichern.

Nicht anders ist es in der Pferdeherde. Es gibt die Regel und jede Herde hat ihr Ritual, wie die Regel dargestellt und eingefordert wird. Die meisten Regeln beziehen sich auf die Rangfolge, da sich daraus der

Gehorsam, die Rechte und Pflichten der Einzelnen zwangsläufig ergeben und damit die sozialen Verhaltensweisen gesichert sind. An dieser Stelle will ich einmal die wesentlichen Regeln aufzählen, wobei die Reihenfolge willkürlich gewählt ist.

Der Ranghöhere ist:

- Wer von hinten treiben kann

- Wer ein Herdenmitglied von der Herde 600 m entfernen kann

- Wer decken darf

- Wer den anderen von seinem Platz wegschicken kann

- Wer den anderen zuerst anfassen darf

- Wer Kraulen anbieten darf

- Wer sich zuerst wälzt

- Wer sich über den Wälzplatz des anderen selbst nachwälzt

- Wer den anderen umkreisen kann

- Wer dem anderen den Platz einschränken kann

- Wer das Revier als Letzter markiert (Koten /Urinieren)

- Wer als Letzter beim Imponiergehabe prustet

- Wer die Individualdistanz (ca. 3m) einfach unterschreiten darf

- Wer ungefragt mit dem Kraulen beginnt

- Wer den anderen anrempeln darf

- Wer den anderen stoppen kann

- Wer das Lauftempo bestimmt

- Wer die Laufrichtung bestimmt

- Wer den anderen folgen lässt

- Wer den anderen ignoriert

- Wer den anderen rückwärts richten kann

- Wer den anderen angähnt

- Wer seinen Futterplatz wählen und behaupten kann

- Wer zuerst trinkt (kommt fast nur in domestizierten Herden vor)

- Wer den Leckerbissen bekommt (kommt fast nur in domestizierten Herden vor)

▶ *Der Ranghöhere ist auch, wer all das nicht mit sich machen lässt!*

Zu diesen Regeln gibt es nun Rituale, wie diese einzelnen Aussagen getroffen werden. Innerhalb dieser unterschiedlichen Vorgehensweisen hat der Zweite immer die Möglichkeit, das, was der Erste will, nicht mit sich machen zu lassen.

Wenn also ein Pferd versucht, das andere zu treiben, dann kann das Erste durch Ausbrechen, Hakenschlagen oder Stehenbleiben, mit einer Hinterhandwende oder dergleichen, das Treiben unterbinden. Dann muss der Erste sich etwas Neues einfallen lassen oder aber der Zweite übernimmt die Initiative und bringt *seine* Aussage ins Spiel. Es könnte sein, dass er sich wälzt und damit andeutet, er geht davon aus, dass er den höchsten Rang hat. Der Erste kann das in Ruhe geschehen lassen und sich im Anschluss einfach genau auf der gleichen Stelle wälzen, oder er wirft sich zeitgleich mit ihm hin, womit die Aussage des zuerst Wälzenden außer Kraft gesetzt ist. Der kann es mit erneutem Wälzen versuchen oder *er* treibt jetzt oder umkreist oder, oder ...

Die Ausübung dieser Rituale kann spielerischer oder auch ernster Natur sein, je nachdem, um welche beiden Pferde es sich da handelt und wie wichtig ihnen der Sieg ist.

Im Zusammenhang des Motiva-Trainings ist einer von beiden der Mensch, und der Dialog geht dennoch genauso. Das wird an anderer Stelle noch einmal näher erläutert und beschrieben.

Zusätzlich zu den Regeln, die in erster Linie die *Rangordnung* sichern oder klären, gibt es andere, die sich auf das *soziale Leben* beziehen, die aber anteilig in Rangrituale eingebaut werden können und unabhängig davon auch eigenständig im Alltag gelebt werden.

> 🐴 Wie zum Beispiel:
>
> 🐴 Der Schlaf von anderen wird bewacht.
>
> 🐴 „Klappernde" Fohlen straft man nicht.
>
> 🐴 Wer den Kopf senkt, gibt nach.
>
> 🐴 Wer im Seitengang ankommt, will nur spielen.
>
> 🐴 Man gehorcht nur dem Ranghohen.
>
> 🐴 Wer den anderen angähnt, tut ihm nichts.

> 🐴 Wer nebeneinander geht, ist befreundet.
>
> 🐴 Wer den Kopf auf die Kruppe legt, ist befreundet.
>
> 🐴 Die Stute mit dem jüngsten Fohlen hat Vorrang.
>
> 🐴 Der Rangniedrige muss anfragen, ob er zum Kraulen kommen darf (gilt nicht für feste Freunde).

Alle Pferde einer Gruppe kennen diese ihre Herdengesetze und leben danach. Wenn ein Pferd einem Ranghöheren gegenüber „Fehler" macht oder respektlos ist, ahndet nicht der Herdenchef das Verhalten, sondern das Pferd, welches direkt betroffen war. Der Herdenchef, ist er einmal ermittelt, ist fast immer außen vor und hat mit den kleineren Rangeleien nichts zu tun. Er greift nicht ein, seine Position ist davon nicht berührt. Die Grundstruktur der Herde bleibt dadurch ungestört und voll funktionsfähig. Da beim Motiva-Training der Dialog anstatt zwischen zwei Pferden zwischen Pferd und Mensch stattfindet, muss der Mensch diese Regeln kennen und erkennen und je nachdem genau einhalten, sowie bestimmte Dinge nicht mit sich machen lassen.

Ob die Behauptung des Menschen, ich führe mit dir, Pferd, einen Dialog, stimmt, merkt das Pferd natürlich an den Antworten oder Ansagen des Menschen und seiner Reaktion auf die Ansagen/Aussagen des Pferdes. Nur wenn der Mensch zeigen kann, dass er versteht, was da gesagt und wie gehandelt wird, und sich genau dort einklinken kann, so wie Pferde es auch tun, fühlt das Pferd sich wirklich verstanden und antwortet auch adäquat auf die Gesten des Menschen, der das zweite Pferd ersetzt. Damit das stattfinden kann, braucht man zu Beginn ein viereckiges Gehege, nicht zu groß, um im Galopp nicht abgehängt werden zu können. Das kann ein abgeteilter Reitplatz oder eine Halle sein oder auch ein eigens dafür gebautes Viereck. Maße wie 20 m x 20 m haben sich bewährt, sind aber nicht Bedingung.

Wichtig ist, dass der Arbeitsplatz nicht rund ist, das Pferd muss die Möglichkeit haben, sich zu entziehen, indem es sich mit dem Kopf in eine Ecke stellt, damit es beliebig Abstand vom Menschen herstellen kann, wenn es will. Weil der dargestellte Raum zwingend zum Kommunikations-system dazu gehört, muss das Pferd die Möglichkeit haben, mit dem Raum zwischen Mensch und Pferd innerhalb des Vierecks umzugehen. Von daher sollte es nicht kleiner, sondern eher etwas größer als 20 m x 20 m sein.

In einem Roundpen hat es keine Wahl, der Abstand zum Menschen, der im Mittelpunkt steht, verändert sich nicht, egal, wie schnell es läuft. Das kann dazu führen, dass es einfach aufgibt, weil es die Hoffnungslosigkeit der Flucht erkennt. Es kann bestimmte Aussagen gar nicht treffen. Der dargestellte Raum zwischen zwei Pferden ist ein wichtiger Anteil des gesamten Pferdekommunikationssystems. Sowohl die Körperstellung, die Position des einen Tieres zum anderen, als auch der Abstand zwischen beiden gehören als nicht wegzudiskutierende Gesten zur Aussage und konkreten Verständigung in der Situation. Durch das Flüchtenlassen in einem runden Gehege, was meist auch nur einen Radius von 8 m hat, wird das Pferd mundtot gemacht. Es kann keinen

Raum her- oder darstellen, es soll flüchten, solange bis der „Jäger" Mensch sich abwendet und harmlos gibt.

Das will ich in keinem Fall. Ich will seine Freiwilligkeit und einen Dialog mit Rechten und Möglichkeiten auf beiden Seiten. Nach einiger Übung kann man auch einfach in einer normalen Reithalle arbeiten, die meist ja 20 m x 40 m misst. Außer im Galopp, wo das Tempo für uns Menschen schwierig ist, funktioniert der Rest der Kommunikation gleichermaßen. Und wenn man es dann beherrscht, dann ist es auch kein Problem, den Dialog auf der Weide zu pflegen. Das setzt natürlich eine gewisse Kooperation und Neugier des Pferdes voraus.

Bei der Ausführung der Rituale werden unterschiedliche Gesten des Pferdes verwendet. Ich nenne sie „Vokabeln". Um darüber überhaupt sprechen zu können, müssen wir sie mit Worten unserer Sprache betiteln und beschreiben. Da es dem Leser nichts nützt, wenn ich behaupte, so viele Zeichen zu kennen und sie aber nicht beschreibe oder sie anwende, habe ich die wichtigsten und somit häufigsten einmal sortiert. Es ist die Liste der Vokabeln, die das Ergebnis meiner 20 Jahre langen Forschungsarbeit mit Pferden darstellt und so noch nie veröffentlicht wurde. Ich habe sie sowohl in den Pferdeherden beobachten können, aber auch häufig im Umgang der Pferde mit Menschen.

Durch unsere Reitschule gehen die Pferde täglich mit Kunden um. Teilweise sind ihnen die Menschen fremd, und manchmal kennen sich Pferd und Schüler. Es war spannend zu katalogisieren, wie Pferde mit diesen Leuten von sich aus sprechen, auch dann, wenn diese das Tier völlig unbedarft anbinden, bürsten, zur Reithalle führen. Fast immer wird von den Pferden eifrig Kontakt aufgenommen und sehr vorsichtig, aber konsequent der vermeintliche Rang geklärt. Da ungeschulte Menschen fast immer durch ihr Verhalten dem Pferd unbewusst den höheren Rang zugestehen, waren die Pferde dann damit zufrieden und die Menschen auch, bis es dann beim Reiten irgendwann auffiel, dass sie das so nicht gemeint hatten. Dort wollen die Menschen doch sehr gerne der Ranghöhere von beiden sein. Klärte ich die Reitschüler auf, entstand nicht selten die Motivation, Pferdesprache lernen zu wollen. Das ist in meinen Seminaren ja unkompliziert möglich und auch für jeden Reiter absolut sinnvoll. Man erspart sich einige Diskussionen und Kämpfe vom Sattel aus, wenn das Machtgefüge schon vorher geklärt ist.

Bei den Vokabeln schien mir am besten verständlich, sie sinngemäß zu sortieren und sie nicht Körperteilen zuzuordnen. Daraus ergab sich folgende Aufstellung:

Abbildung 17b: Angähnen eines Pferdes mit vorgestrecktem Hals und geöffneten Augen.

4.2 VOKABELN

Ausdruck für hohen Rang:

- Treiben, von hinten schicken
- Schicken von vorn
- Markieren mit Fuß
- Markieren mit Kot
- Markieren mit Urin
- Wälzen
- Prusten (geräuschvolles, kraftvolles Ausatmen aus den Nüstern mit hoher Kopfhaltung)
- Aufrichten
- Zuerst anfassen
- Individualdistanz unterschreiten
- Verfolgen
- Ignorieren
- Umkreisen
- Platz wegnehmen
- Platz einschränken (eingrenzen)
- Vorderhufschlag
- Aufstampfen
- Wegschicken mit Kopfbewegung
- Weg versperren
- Rückwärts treten lassen durch Daraufzugehen
- Imponiergehabe in der Gangart
- Aufgestellter Schweif

Ausdruck für hohen Rang:

- Rempeln
- Wegdrängeln
- Mit den Zähnen am Mähnenkamm packen und herunterdrücken
- Mit den Zähnen am Mähnenkamm packen und wegführen oder im Kreis führen
- Ins Hinterbein beißen und zum Hinsetzen zwingen
- Kruppe drücken
- Ins Vorderbein beißen, bis Karpalgelenke auf dem Boden sind

Ausdruck für Unterwerfung:

- Rückzug, wenige Schritte
- Rückzug, fluchtartig
- Demutshaltung (Kopf tief)
- Angähnen (sich harmlos zeigen)
- Individualabstand einhalten
- Oder auch all das aus der vorausgegangenen Aufzählung dulden

Ausdruck für Unsicherheit oder Stress:

- Dauerndes Koten (wenn es nicht als Markieren gemeint ist)
- Schwitzen

Ausdruck für Unsicherheit oder Stress:

- Lecken
- Sich kratzen
- Gähnen
- Strammes Maul
- Eingeklemmter, ruhig gehaltener Schweif
- Laufen mit Wiehern

Ausdruck für die momentane Gefühlslage:

- Schnauben aus Zufriedenheit
- Wiehern als Ruf von Freunden (laut und vernehmlich)
- Wiehern als Ruf des Fohlens
- Wiehern für das Fohlen zur Aufforderung nach der Geburt (leises Grummeln)
- Wiehern als Begrüßung
- Wiehern als Hilferuf
- Quietschen aus Übermut
- Abkauen aus Zufriedenheit
- Prusten aus „Empörung"
- Schütteln und Strecken der Glieder nach dem Schlaf

Die hier aufgezählten unterschiedlichen Gründe für das Wiehern lassen sich am Wiehern selbst erkennen. Jedes klingt anders, was aber schwer mit Worten zu beschreiben ist.

Ausdruck für Freundschaft:

- Miteinander dicht stehen
- Miteinander/nebeneinander fressen
- Miteinander/nebeneinander gehen
- Synchrongehen
- Gegenseitiges Beknabbern
- Intensive Fellpflege
- In die Nüstern des anderen atmen
- Gegenseitig im Maul lecken
- Zusammen spielen
- Abschnauben bei unbedeutender Distanz
- Gemeinsam anhalten
- Den anderen bewachen, wenn er ruht
- Seitliche Ohrenstellung (friedliche Absicht)
- Geblähte Nüstern (Neugier)
- Häufiger Lidschlag
- Entspanntes Maul/Hängelippe
- Gesicht des anderen lecken
- Kopf auf den anderen (meist Kruppe oder Rücken) legen
- Aneinander reiben
- Im Seitengang aufeinander zugehen
- Dem anderen in die Beine kneifen
- Fesselbeugen des anderen lecken/pflegen
- Dunkles Brummeln zur Begrüßung (Vorfreude)

Ausdruck im Dialog:

- Kopf wiegen (ich will das nicht)
- Kopf senken (nachgiebig)
- Kopf nicken
- Kopf mit Hals schütteln (Ende der Situation)
- Kopf und Hals schütteln im Laufen (Unwilligkeit)
- Kopf und Hals schütteln im Laufen mit Quietschen oder Bocken (Verstärkung der Unwilligkeit)
- Unwilligkeit
- Rückwärts weichen
- Vorhandwendung
- Hinterhandwendung/Ausrichten
- Anschauen und darauf zugehen
- Schweif pendeln
- Schweif schlagen
- Schweif kneifen
- Schweif aufstellen
- Gähnen (Entspannung/Unsicherheit)
- Angähnen (Unterwerfung/Beschwichtigung)
- Kratzen
- Ohren nach vorne (Aufmerksamkeit)
- Ohrenspiel
- Abkauen (Zufriedenheit)
- Lecken (Haltungsänderung folgt)
- Nüstern- Berührung (Begrüßung)

Ausdruck im Dialog:

- Im Seitengang ankommen
- Rückwärts darauf zugehen
- Beim Halten ein Bein entlasten – es kommt eine Verhaltensänderung
- Treten beim Laufen inneres Bein
- Treten beim Laufen äußeres Bein
- Treten beim Laufen beide Beine/Bocken
- Steigen
- Beißen
- Drohen durch Zähne zeigen
- Drohen durch Ohren anlegen
- Drohen durch Anheben des Hinterbeines
- Drohen durch Anheben der Kruppe mit beiden Hinterbeinen
- Augenrollen
- Aufrichten und Nacken krümmen
- Treibhaltung: gesenkter Hals und Kopf nach vorne gestreckt
- Erhobener Schweif und Imponiergehabe
- Ausbremsen
- Tempo verändern
- Kopf mehrmals hoch- und herunterwerfen mit Augenrollen
- Ohren anlegen
- Überholen beim Galoppieren
- Enge Nüstern

Ausdruck für Schmerz:

- Schweifschlagen
- Unter den Bauch treten
- Auf den Bauch schauen (bei Kolik)
- Weit aufgerissene Augen
- Stöhnen
- Zähneknirschen
- Futterverweigerung
- Wasserverweigerung
- Wälzen
- Sich hinwerfen
- Festes Maul
- Teilnahmslosigkeit
- Verweigerung von Bewegung
- Lustloses Gehen

Alle möglichen „Unarten" wie:

- Durchgehen
- Bocken
- Treten
- Beißen

können Ausdruck für Schmerz sein.

In dem Fall sind sie nicht gegen den Partner gerichtet, sondern zeigen nur die aktuelle Befindlichkeit des Pferdes an. Im Motiva muss und will man Krankheit oder Schmerz ausschließen, um die Aussagen des Pferdes realistisch für den Dialog bewerten zu können. Teilweise kann man den Dialog dafür nutzen, Krankheit oder Schmerz nachzuweisen und durch entsprechende Maßnahmen dem Pferd dann schneller und sicherer helfen.

In der Auflistung erkennt man, dass es Signale oder Gesten gibt, die gleichzeitig in unterschiedlichen Kategorien auftauchen. Es gibt Verhaltensweisen, die in der Kombination mit anderen Gesten der Situation diesen oder jenen Sinn vermitteln.

Es wurde schon gesagt, dass Wälzen Folgendes heißen kann: Bauchschmerzen, Markieren als Ranggeschehen und Wohlbehagen. Bauchschmerzen und Wohlbehagen sind Gegensätze und dennoch sehen wir das Verhalten in beiden Situationen. Es unterscheidet sich jedoch voneinander. Beim Wohlbehagen wird häufig ein Genussgesicht gemacht, sich noch geruhsam die Fesselbeugen gepflegt, der Hals mit Kopf sorgsam im Untergrund gerieben. Nach dem Aufstehen wird sich geschüttelt und häufig auch abgeschnaubt.

Beim Schmerzwälzen fällt das Schütteln weg, das Wälzen selbst wird meist schneller ausgeführt, und es findet keine Fellpflege statt. In unserer Praxis bedeutet das, wenn wir ein Pferd sich wälzen sehen, das sich nach dem Aufstehen nicht schüttelt und sich auch bald wieder hinlegt, bedeutet das sehr häufig, dass es eine Kolik hat und schnell Sofortmaßnahmen zu ergreifen sind. So kommt die Fähigkeit des Menschen, die Art des Wälzens schnell zu verstehen, dem Pferd unmittelbar zugute.

Viele Menschen haben mit der Übersetzung des Gähnens Schwierigkeiten. Es gibt das Angähnen und Gähnen. Zum Angähnen braucht es die 2. Person, zum Gähnen nicht zwingend. *(Abb. 18)*

Es ist nicht so leicht, weil es so vielfältig ist und genauer Beobachtung bedarf. Ich erstelle einmal eine kleine Liste, um das zu verdeutlichen.

Angähnen kann heißen:

- Ich bin ranghöher, tue dir aber nichts, obwohl ich auch anders kann.
- Ich merke, dass du Stress mit mir hast, brauchst du nicht zu haben, ich bin harmlos.
- Ich will keinen Kampf mit dir.
- Obwohl ich den niedrigeren Rang habe, tue ich jetzt etwas, was eigentlich dein Job wäre. Sei nicht sauer.

Welche der Aussagen zutreffend ist, ergibt sich aus der Kopfhaltung, dem dargestellten Raum und der Stimmung zwischen den beiden Gesprächspartnern.

Pferde gähnen auch manchmal vor Müdigkeit wie wir, aber auch alleine für sich, wenn sie zum Beispiel selbst etwas gemacht haben, was sie im Nachhinein nicht so gut fanden, vielleicht um es zu entkräften. (Z. B. hatten sie Angst vor einem Ball, entlarven die Angst als unnötig und gähnen dann. Menschen würden sagen: „Das ist mir peinlich.")

An diesen 2 Beispielen sieht man, dass es nicht reicht, Vokabeln zu beschreiben. Zum Verstehen braucht man immer den gesamten Zusammenhang:

- Welche Regel liegt der Aussage zugrunde?
- In welcher Situation wird etwas gesagt?

Abbildung 18: Verharmlosen der Situation durch Gähnen.

- Zu wem wird es gesagt?
- Wie ist die Beziehung der beiden?
- Wie ist die eigene Befindlichkeit?
- Wie geht der andere damit um, wie antwortet er?

Meine Aufzählung von mehr als 130 Aussagen/Ausdrücken erhebt nicht den Anspruch der Vollständigkeit. Es sind die Gesten oder Vokabeln, die von mir am häufigsten beobachtet wurden und die dann, wenn das Pferd sie miteinander kombiniert, einen für mich erkennbaren Sinn ergeben. Stellen wir uns menschliches Miteinander vor.

Ein Mensch, der wütend ist, kann die Wut zeigen, indem er schreit, die Faust hebt und auf einen zukommt. In seinem Gesicht könnten wir den wütenden Ausdruck sehen, passend zur Situation. Auch er kombiniert verschiedene Gesten. (Stirn in Falten, hohe Kopfhaltung, schimpfender Mund, laute Töne, Zornesröte, drohende Faust, aggressiver Blick…)

Ein Mensch, der traurig ist, setzt sich vielleicht hin, weint, nimmt die Hände vor das Gesicht, macht sich eher klein als groß. Körperhaltung, Stimmlaute und Gesten sowie der dargestellte Raum ergeben zusammen die Aussage – bei uns wie beim Pferd. Bei beiden spielt auch noch die soziale Stellung und Beziehung zueinander eine maßgebliche Rolle. Das ist das Kommunikations**system**.

Von den Möglichkeiten ihrer Vokabeln her werden je nach Bedarf auch bei Pferden unterschiedliche Gesten miteinander kombiniert und das ergibt dann den „Satz" oder die Aussage, die es vermitteln will. Daher muss man als Mensch nicht nur die Bedeutung einzelner Gesten kennen, sondern und gerade auch ihre *Kombination*, weil sich daraus der wahre Inhalt der getroffenen Aussage ergibt. Und allem voraus muss ich dem Pferd natürlich die Möglichkeit einräumen, sich auszudrücken, was bei einem reinen Wegjagen, egal ob als gedachtes Raubtier oder anderes Wesen, nicht geschehen kann. Ein Pferd auf der Flucht wird flüchten und nicht reden.

Das versteht sich von selbst. Zum besseren Verständnis kommt noch ein Beispiel, wie wichtig die Erkenntnis der einzelnen Gesten im Zusammenhang ist:

Ein Mensch, der weint und dabei aber mit drohender Faust auf mich zukommt, der kann entweder traurig und wütend sein, oder er heult aus Wut und Hilflosigkeit und ist gar nicht traurig, obwohl man es auf den ersten Blick denken würde. Auch hier muss man genau hinsehen und das, was der Mensch tut, richtig übersetzen, um zu wissen, wie ihm zumute ist. Vielleicht richtet man sogar eine klärende Frage an ihn, um wirklich zu wissen, wie er denkt und fühlt.

Beim Pferd ist das nicht anders. Erst die richtige Übersetzung der *Gestenkombination* führt zu dem wahren Gefühl, das sich dahinter verbirgt. Auch hier kann es nötig sein, eine „Frage" oder „Herausforderung" an das Pferd zu richten, und erst an seiner Antwort liest man, was in ihm los ist. Damit das funktionieren kann, muss der Mensch also auch die nötigen Gesten oder Vokabeln sprechen können und zwar so, dass das Pferd sie so versteht, wie sie gemeint sind und das in *seiner Sprache*.

Ich habe in meinen 20 Jahren Forschung unterschiedliche Gesten und Handlungen ausprobiert und manche wieder verworfen, weil sie nicht im ursprünglichen Sinn vom Tier verstanden wurden. Es geht darum, sich auf die Sprache der Pferde zu einigen und nicht zu verlangen, dass das Pferd lernen soll, was ich meine. Das tut es ja schon bei allen möglichen Dressur- und Ausbildungsmethoden. Ich wollte nur Gesten verwenden, die jedes Pferd versteht, auch wenn es mich nicht kennt und zum ersten Mal mit Motiva konfrontiert wird. Inzwischen habe ich ein großes Ausdrucksrepertoire für den Menschen, groß genug, um eine wirklich gewaltfreie Kommunikation mit dem Pferd herzustellen, also auf seiner Ebene und innerhalb seiner instinktabhängigen Möglichkeiten Dialoge zu führen.

Dazu braucht der Mensch nicht alle Vokabeln, die wir von den Pferden kennen, gleichermaßen nachzuahmen. Da wir Zweibeiner sind und auch einfach so aussehen, wie wir aussehen, können wir bestimmte Verhaltensweisen gar nicht imitieren. Dennoch ist es mir gelungen, genügend Gesten zu entwickeln, die in ihrer Kombination einen guten Dialog mit dem Pferd leisten können und von allen Pferden sofort verstanden werden. Die möglichen Wörter sind zahlenmäßig mehr als die 49 Lottozahlen und jeder kennt die Menge der Kombinationsmöglichkeiten. Insofern reichen unsere Vokabeln durchaus, um sinnvolle Dialoge zu gestalten.

Nicht selten war das Erstaunen bei Pferdebesitzern groß, wenn sie zusahen, wie ihr Pferd im Motiva-Viereck den Menschen mit seinen Gesten verstehen konnte und antwortete, ohne dass man sich vorher je begegnet war. Das ist so, weil das von mir entschlüsselte Kommunikationssystem und die Übersetzung in unseren Körper tatsächlich Pferdesprache ist, und jedes Pferd, das nicht sprachlos alleine irgendwo aufgewachsen ist und daher nicht sprechen kann, den Menschen sofort versteht und dies jedem Zweifler durch seine Antworten zeigt. Weil es genau so ist, kann man traumatisierte Pferde auf diesem Weg therapieren. Auf dem natürlichsten und damit stressfreiesten Weg, den es für solche Tiere gibt. Gerade für solche Pferde eignet sich Motiva hervorragend, weil es ohne Rangrivalitäten

auskommen kann und viel über Freundschaft kommuniziert und Zuneigung bestätigt. Für solche Pferde ist es extrem wichtig, dass man von ihnen als souverän und kompetent eingeschätzt wird, damit sie Vertrauen aufbauen können. Dabei muss im Dialog nicht in erster Linie „Dominanz" angestrebt werden, sondern ein ehrliches Interesse an dem anderen zum Ausdruck kommen und völlige Aggressionsfreiheit bei hohem Selbstwertgefühl.

In unseren Herden auf dem Hof habe ich festgestellt, dass es immer wieder Zeiten gibt, wo jeder mit jedem sich in eine Art Konkurrenzverhalten begibt. Es wird also gewälzt, gekotet, eingekreist, geschickt. Das volle Programm eben und das gerne, wenn alle in der Reithalle oder auf der Weide sind. Da kann es hoch hergehen, und interessanterweise ist im Anschluss, wenn all das ausgelebt wurde, alles genauso wie vorher. Es hat sich am Ranggefüge gar nichts geändert, obwohl man ziemlich lange miteinander beschäftigt war. Dennoch bleibt es in der Hierarchie so, wie es war, und alle sind damit zufrieden. Daraus kann man den Rückschluss ziehen, dass dieses Miteinander die soziale Bindung stärkt und die Zugehörigkeit zur Herde bestätigt. Sie ist eine „soziale Veranstaltung" wie ein Betriebsausflug. Alle haben miteinander zu tun, reden noch einmal zusammen, berühren sich gegenseitig und frischen die Erinnerung auf. Das zeigt, dass in den domestizierten Herden weniger der Rang als das soziale Leben geregelt wird, was auch die soziale Gemeinschaft und Sicherheit stützt. Beziehungen werden jedem gegenüber geklärt oder bestätigt. Man muss gar nicht zwingend „Chef" sein, sondern man muss irgendeinen Rang erwerben, um Mitglied der Gemeinschaft sein zu können, dazuzu gehören. Dadurch wird man ernst genommen, es wird mit einem geredet und man findet Beachtung.

Werden wir als Mensch vom Pferd ignoriert, wie es bei Wildpferden wahrscheinlich der Fall wäre, kann man nichts ausrichten. Wenn unser Freundschaftsangebot abgelehnt wird und bleibt, ist man machtlos. Erzwingen kann man die Zuneigung oder wenigstens die Akzeptanz nicht. Was man aber erzwingen kann, heißt nicht Freundschaft und Vertrauen, allenfalls Unterwerfung und Gehorsam.

„Pferde/Ponys haben ihren eigenen Kopf!" Diese Aussage von Menschen höre ich mehrmals pro Woche. Was soll das heißen? Sicher haben sie das. (Wer hat das nicht?). Diese Feststellung wird meist dann von Leuten getroffen, wenn sie gerade nicht mit dem Tier zurechtkommen, sie ist beinahe immer vorwurfsvoll gemeint. Die Erfahrung der eigenen Unfähigkeit oder auch Hilflosigkeit wird als Sturheit des Tieres „mit eigenem Kopf" interpretiert. Dadurch ist man selbst fein heraus. Den Fehler des Menschen „gibt es jetzt nicht." Platt gesagt heißt das: Das Pferd ist schuld, wenn etwas nicht klappt.

In Wirklichkeit ist es anders. Pferde wissen, was sie wollen, haben ein ausgeprägtes Instinktverhalten, unterwerfen sich keinem Schwachen. Jeder unsichere Mensch wird vom Pferd erkannt, und es beschließt, wichtige Entscheidungen selbst zu treffen. Es kann gar nicht anders. Dennoch lernen sie mit der Zeit, „brave Schulpferde" zu sein. Irgendwann zeigen sie im Unterricht ihre eigenen Bedürfnisse nicht mehr durchgängig an. Sie haben akzeptiert, sich zu fügen und zu tun, was

der Mensch will, auch wenn er ein ängstliches Etwas ist. Das ist für ein Tier eine große Leistung, es ist anstrengend und unter Umständen auch Stress. Deshalb gehen unsere Schulpferde in der Regel nur zwei Stunden am Tag und haben Pausen innerhalb der Woche.

Ob sie uns Menschen mögen oder sogar lieben, hängt davon ab, wie wir ihnen begegnen. Das Tier mit dem eigenen Kopf hat genaue Vorstellungen von Beziehungen und kann sie dann für sich erschließen, wenn verständnisvoll mit ihm umgegangen wird. Darin unterscheidet es sich nicht von uns Menschen. Wir suchen uns unsere Freunde aus, wir haben auch nicht zu jedem Menschen gleiche Gefühle. Wir nennen das: Die Chemie muss stimmen. Das gilt für Pferde nicht minder.

4.2.1. AUSDRUCK DES PFERDES

Wie bereits erwähnt, kommt die Aussage des Pferdes zustande, indem es unterschiedliche Gesten miteinander kombiniert und dabei sowohl Gefühle zeigt als auch herstellt, ähnlich wie wir Menschen es auch tun. Ich möchte das zum besseren Verständnis noch einmal an einem Beispiel erklären. Wir können sowohl durch ein einziges Wort als auch genauer durch einen Satz Mitteilungen machen und Gefühle auslösen.

Ein Mensch sagt/schreit zum anderen: „Geh bitte raus, ich will etwas vorbereiten.", „Verlass sofort das Zimmer!", „Raus!!", „Raus oder ich schieße!".

Bei jeder der Varianten würde der Ansprechpartner den Raum verlassen. Auch sogar völlig andere Worte, welche die Aussage hinauszugehen, mit sich bringen, würden das Verlassen des Zimmers auslösen: „Feuer!", Notruf von draußen - „HILFE!".

Zu diesen Worten oder Sätzen kommt dann natürlich der Gesichts- und Körperausdruck, die Stimme mit Betonung und die dadurch mögliche Beurteilung der Gesamtsituation. Deswegen verstehen wir, was gemeint ist, und können die Situation einschätzen. Wir wissen auch, *warum* wir hinausgehen und verbinden damit ein Gefühl. Das kann in dem konkreten Fall schwanken zwischen einer Vorfreude auf eine Überraschung, über eine absolute Angst vor einer Bedrohung, bis hin zu dem Ansporn, jemandem zu helfen. Das in uns ausgelöste Gefühl gehört mit zur Kommunikation und hilft uns in der Folge, das Richtige zu tun.

Zu dem Zweck wird bewusst oder unbewusst das Gefühl mit früheren Erfahrungen abgeglichen, um die Entscheidung für den nächsten Schritt zu fällen. Das ist ein sinnvolles Überlebensprinzip.

Beim Pferd ist es sehr ähnlich. Es gibt Gesten, die für sich stehen, aber meist ist der Inhalt der Aussage zu verstehen, indem man alle Vokabeln, die das Pferd dazu benutzt, und das komplette Verhalten in einen Zusammenhang stellt. Das Pferd verbindet auch Emotionen mit seinem Handeln, es kann nur nicht strategisch vorausdenken wie wir. Auch hier helfen ihm die an Erfahrungen gekoppelten Gefühle, die aus seiner Sicht richtige Entscheidung für die nächsten Verhaltensschritte zu fällen.

Ich habe die so genannte „goldene Regel" bei Pferden schon erwähnt. Das ist die Regel, die praktisch als *Grundlage* für das Zusammenleben in der Herde dient. Jedes Pferd ist so lange selbst das Ranghöchste, bis ein anderer als Ranghöherer ermittelt ist. Solange

trägt es die Verantwortung für sich und entscheidet selbst. Da es instinktiv keinem gehorcht, der rangniedriger ist, tut es das auch bei keinem Fremden, wie uns zum Beispiel, weil es unseren Rang nicht kennt. Es ist also höchstes Gebot, den Rang zu klären, bevor man irgendetwas anderes tut. Dabei geht es nicht in erster Linie um Macht, sondern um die Entscheidung, wer wem gehorcht und wer die Verantwortung für die kommenden Entscheidungen zu tragen hat.

Dazu gehört noch ein ganz wichtiger Gedanke. Von domestizierten Pferden wird dem Menschen gegenüber das volle Repertoire der Rangrituale präsentiert. Daraus kann man logischerweise den Rückschluss ziehen, dass das Pferd uns als Gegenüber ernst genug nimmt, um den Rang klären zu wollen. Mit einer Ziege, Katze, Kuh oder einem Hund findet das nicht statt. Das bedeutet auch, wir werden in einer Art wahrgenommen, wahrscheinlich durch den Umgang mit ihnen, die uns aus der Sicht des Pferdes eine Wichtigkeit gibt, die Voraussetzung dafür ist, in uns Menschen überhaupt einen „Gesprächspartner" zu suchen. Es kennt Menschen und erkennt seinen Besitzer oder Reiter am Gesicht, aber auch am Gang und Geruch. Wenn hier Pferdebesitzer ihr Pferd ausnahmsweise nicht in Stallkleidung besuchen, sondern „im kleinen Schwarzen", dann schauen die Pferde erst einmal befremdet genau hin, ehe sie zu erkennen geben, dass sie wissen, um wen es sich handelt. Sie haben also eine Vorstellung von unserem Erscheinungsbild. Sie kennen uns!

Das Sprachverhalten uns gegenüber unterscheidet das Hauspferd eindeutig vom Wildpferd. Ich denke, dass ein Wildpferd kein Interesse zeigen würde, irgendeine

Form der Verständigung mit einem Menschen zu suchen, falls dieser in seinem Territorium auftauchte. Das domestizierte Pferd ist hingegen stark an einem Dialog interessiert.

Dabei unterliegt es seinem Instinktverhalten und MUSS wissen, wer von beiden – Mensch oder Pferd – den höheren Rang hat. Deswegen versucht es das umgehend herauszufinden, wenn man mit ihm zusammenkommt.

Zuerst werden immer die Rangordnungsfragen geklärt. Anschließend ist Raum für Freundschaftsbezeugungen, die Spaß machen und die soziale Bindung stärken. Je weniger Kraft und Zeit in das Rangordnungsritual gesteckt wurde, desto mehr Raum bleibt für das entspannte Miteinander und die freundschaftlichen Spiele im Anschluss. Fordert der erste Teil zu viel Aufwand, tritt hinterher häufig eine emotionale Ruhe ein, eine Art Denkpause. Ein Miteinander findet in dem Moment dann vorerst nicht statt.

Jeder Pferdebesitzer kennt diesen Alltag. Der Mensch kommt mit Halfter an, um es dem Pferd anzuziehen. Schon bei der ersten Begegnung des Tages wird das Pferd seiner Natur nach sofort prüfen, wie die Lage ist. Es setzt jetzt harmlose, verletzungsfreie Gesten ein, um zu erfahren, wie der Mensch damit umgeht, wie und ob er darauf antwortet.

Dazu kann es entweder den Menschen leicht schubsen, mit der Nase berühren oder aber auch sich abwenden und an eine andere Stelle der Box begeben. All diese Verhaltensweisen zeigen das Pferd als aus seiner Sicht ranghöher an. Denn wer zuerst berühren darf, wer schubsen darf und wer sich nicht berühren lässt, hat den höheren Rang.

Nimmt man das als Mensch so hin, wie es ist, hat man „verloren", man hat diesen Ball verspielt. Das Pferd beobachtet genau, wie man mit seinen Aktionen umgeht und ist auch bereit, sein Urteil zu revidieren, wenn der Mensch eindeutig sagen kann, dass er den höheren Rang besitzt. Das kann er, indem er darauf achtet, dass er zuerst berührt und sich nicht schubsen lässt. Beim Abwenden des Pferdes wird es schon etwas komplizierter. Der Mensch muss unterscheiden, ob das Pferd weggeht, weil es sich nicht anfassen lässt, oder ob es respektvoll Platz macht, weil ein Ranghöherer kommt. Das kann man unterscheiden, wenn man das ganze Pferd anschaut. Was macht es mit den Ohren, wie schaut es, *wie* geht es weg, wo ist die Hinterhand, wie hat es sie bewegt. Parallel dazu muss man auch wissen, wie man selbst dem Pferd gegenübertrat. Hat man zum Beispiel das Haar aus der Stirn geschleudert, also aus Versehen mit einer Kopfbewegung das Pferd weggeschickt? In diesem Fall wäre das Weggehen ein „Platz machen" und damit eine Unterwerfungsgeste. Um das zu unterscheiden, muss dieser Vorgang genau betrachtet beziehungsweise vom Pferdebesitzer bewusst gehandelt und beobachtet werden. Tut man das, kennt man schon den momentanen Standpunkt seines Pferdes und kann anschließend gleich im Dialog bleiben und entsprechend agieren und reagieren.

An diesem kleinen Alltagsbeispiel sieht man schon, wie genau man differenzieren muss. Geht man mit dem Pferd anschließend auf den Putzplatz oder in die Halle zur sogenannten Bodenarbeit, wird es weiter „reden". Dort wird es weiterhin versuchen, das zu klären, was noch unklar ist, falls es die Möglichkeit dazu hat.

Natürlich haben unsere „Reitpferde" zusätzlich zum Instinkt eine Ausbildung und Erziehung. Wenn sie merken, dass es hier und jetzt gar nicht um Rang oder Klärungen geht, sondern sie schlichtweg gehorchen müssen, weil es sonst unangenehm wird, dann werden sie das tun. Dem Menschen wird das Ganze wahrscheinlich gar nicht bewusst, weder der Dialog noch der vermiedene Dialog, und alles geht seinen gewohnten Gang.

Gibt es aber bei der nun folgenden Tätigkeit Probleme, dann kann man davon ausgehen, dass das Pferd sich nicht mit seiner Rolle abgefunden hat und wissen will, was los ist. Das wird dann als Ungehorsam oder Widersetzlichkeit erlebt beziehungsweise interpretiert. Spielt man den Gedanken durch, was passieren würde, wenn man das Pferd jetzt in der Reithalle freiließe, ohne menschlichen Anspruch an Gehorsam oder gute Erziehung, dann könnte sich Folgendes abspielen:

Das Pferd nähert sich mit der Vorstellung, dass es zuerst berühren durfte (vorher in der Box) und der Mensch sich gefreut und es geduldet hat. Es setzt seinen höheren Rang jetzt erst einmal voraus. Um das zu bekräftigen, könnte es sich nun in der Halle zuerst wälzen, was auch eine starke Aussage wäre. Der Mensch lässt dies zu, beobachtet die Aktion und freut sich vielleicht wieder. Für das Pferd wäre das die Bestätigung seiner eigenen unangefochtenen Position.

Der Mensch müsste diese Markierung des Pferdes „löschen", indem er anschließend die gleiche Wälzstelle markiert. Tut er das nicht, muss das Pferd davon ausgehen, dass alles recht so ist. Antwortet der Mensch, würde das Pferd erfahrungsgemäß das nächste Ritual anwenden. Das kann durch Äppeln, Eingrenzen oder Ignorieren des Menschen geschehen. Der Mensch muss jetzt handeln. Um nicht nur zu reagieren, kann er auch einfach selbst ein Ritual ins Spiel bringen und das Pferd wegschicken. Weicht das Pferd, muss der Mensch schauen, *wie* es das tut und dann darauf eingehen. Dieser Dialog geht so lange, bis einer der beiden das Interesse verliert oder bis der Stärkere ermittelt ist. Dazu gehören Einfallsreichtum und eine große Menge Erfahrung und Intuition sowie zusätzlich die Fähigkeit und der Wille, friedfertig zu kommunizieren, was manchen Menschen schon in unserer Sprache schwer fällt.

Man muss im Grunde spüren, wo das Pferd mental steht, um das richtige Ritual in der geeigneten Vehemenz anbieten und durchziehen zu können. Ist man dabei überzeugend, entscheidet sich das Pferd instinktiv für den Gehorsam und unterwirft sich, wie in einer Herde auch, ohne dass der Mensch die Unterwerfung erzwingt.

Kommen wir also auf den Ausdruck des Pferdes zurück. Wie bereits erwähnt, entsteht die Aussage durch die Kombination unterschiedlicher Gesten. Im Wesentlichen geht es den Pferden darum, mit ihrer Kommunikation untereinander ihr soziales Leben zu regeln, den Rang gleichermaßen wie die Freundschaften. Der Rang und damit der Gehorsam sichert das Überleben der Herde, und die Freundschaften sichern und fördern den Zusammenhalt und bestätigen die Zugehörigkeit zur Herde. Somit ist beides gleichermaßen wichtig und lebenserhaltend.

Die Darstellung der Freundschaften nimmt wesentlich mehr Raum ein als die Rangauseinandersetzungen. Sie eignet sich, um Stress herunter zu fahren und sich seelisch wohlzufühlen, zu entspannen, zu

Abbildung 19: Freundschaftliches Fellkratzen.

ruhen und zu spielen. Ist der Rang erst einmal geklärt, was unter Umständen in wenigen Minuten der Fall ist, kann man sich in aller Ruhe und mit Genuss den Freundschaftsbezeugungen widmen. Das ist der Bedarf des Pferdes, das ist auch, was Pferde wollen und dringend brauchen. Insofern ist eine Einzelhaltung, selbst im Paddock, *nicht pferdegerecht.* Der für ein Pferd wesentliche Ausdruck für Freundschaft und Nähe kann so nicht gelebt werden und bleibt eine unerfüllte Sehnsucht. Ein Defizit entsteht. *(Abb. 19)*

Aus diesem Grund entspricht es nicht dem Bedarf oder der Natur des Pferdes, ein sogenanntes „Dominanztraining" mit seinem Menschen absolvieren zu müssen, nur, um dann für den Menschen weniger gefährlich zu sein oder zeitsparender benutzt werden zu können. Solange es dort nur darum geht, auszudiskutieren, wer die Macht hat und wer wem gehorchen muss, deckt das in keiner Hinsicht den Bedarf des Pferdes, denn der hätte etwas mit Zeit füreinander und Freundschaft zu tun, da das Wissen um die Rangposition nur die Voraussetzung für die Freundschaftsregeln darstellt.

Pferde bieten sich mit ihrem Klärungsbedarf ihrem Menschen an und fragen es ab. Leider wird das oft nicht verstanden oder es ist im Zeitplan nicht vorgesehen und kommt nicht zustande. Das wiederum löst beim Pferd Enttäuschung und auch Frustration aus, je nachdem, wie hoch der Bedarf war. Auch wenn sie sich irgendwann an unsere Menschenart gewöhnen, bleibt der Bedarf nach Nähe erhalten und erstaunlicherweise drücken sie es beharrlich immer wieder aus, wenn sich die Gelegenheit ergibt. Gerade wenn man sich als Herdenchef und ihresgleichen dargestellt hat, ist es gut, dem Wunsch nach Freundschaft auch in der Kommunikation zu entsprechen, mit ihren Vokabeln und Gesten, in ihrem Sinn.

Nur wenn wir uns auf den Ausdruck des Pferdes und den dahinterliegenden Bedarf einlassen, werden wir die Sinnlichkeit und Vielfalt ihrer Möglichkeiten erfahren und miterleben können.

Es ist nicht machbar, alle möglichen Dialoge und Abfolgen in diesem Buch zu beschreiben. Dennoch werden die späteren Beispiele die Vielfalt klarmachen können.

4.2.2. AUSDRUCK DES MENSCHEN

Wenn ich auch beim Pferd über 130 unterschiedliche Gesten oder Vokabeln kenne, heißt das nicht, dass der Mensch im Dialog gleich viele Ausdrucksmöglichkeiten braucht. Da wir Menschen sind, mit der uns gegebenen Anatomie, fallen bestimmte Möglichkeiten einfach weg. Alle Aussagen, die das Pferd zum Beispiel mit den Ohren macht, können wir nicht imitieren. Ich habe in meinen 20 Jahren der Forschung viel Zeit darauf verwendet, herauszufinden, welche Gesten von uns eins zu eins vom Pferd verstanden werden. Ich habe eine Prioritätenliste aufgestellt, welche Aussagen den Pferden beim Motiva sehr wichtig sind und Stück für Stück das für den Menschen passende Pendant entwickelt.

Markieren über Kot ist zum Beispiel vielen Pferden sehr wichtig. In den ersten Jahren ignorierte ich das Koten. Später, im fortgeschrittenen Stadium der Forschung dachte ich, es würde reichen, den Kothaufen wegzuräumen. Das störte mich dann aber selbst im Ablauf des Dialoges, und es war auch nicht so beeindruckend für das Pferd. Ich musste dazu ja auch einen Mistboy in die Hand nehmen und verhielt mich sehr menschlich. Also musste mir etwas anderes einfallen. Pferde markieren den Haufen, indem sie darauf koten. Also kam ich auf die Idee, einen geknoteten Stoffklumpen auf den Pferdehaufen zu legen. Das schlug ein. Das war es! Jetzt verstanden die Pferde meine Aussage sofort. Ich markierte meinen Geruch auf den ihren. Sie überprüften meinen Klumpen/meine Aussage und sofort wurde geantwortet. Jetzt hatte ich den Beweis, dass das akzeptiert und richtig übersetzt wird. So will ich verstanden werden. Seit dieser Entdeckung vor einigen Jahren wird in meinen Seminaren mit großem Erfolg entsprechend markiert. Eine andere Art zu markieren ist bei Pferden das Wälzen. Auch hier ist die eindrücklichste Variante des Menschen, das gleichermaßen zu tun: entweder zuerst markieren, oder anschließend darüber wälzen, wenn das Pferd es schon getan hat. Das beeindruckt Pferde tief, also nahm ich auch diese menschliche Vokabel in den Tätigkeitskatalog mit auf.

Manches können wir mit Hilfsmitteln darstellen. Alle Gesten mit dem Pferdeschweif ersetzen wir durch das Motiva-Seil. Wir unterscheiden das Schweifschlagen, das Pendeln, den langen und kurzen Schweif und stellen das ganz problemlos mit dem Seil dar. An den Antworten sieht man sofort, dass das Pferd die Aussage genau versteht. Es hat kein Problem damit, Pferdeschweif durch Motiva-Seil zu ersetzen.

Ansonsten reichen unsere körperlichen Möglichkeiten und Vokabeln aus, um Pferde zu beeindrucken und ihr Vertrauen im Dialog zu erwerben. Pferde beherrschen ihre Körpersprache perfekt und gehen mit ihrem Körper im Dialog sorgfältig um. Sie wissen genau, wann sie welchen Fuß wohin setzen, wann sie die Schulter drehen, wohin der Kopf schaut und wie die Halsstellung ist. Selbst die Atmung, die dabei eine wichtige Rolle spielt, passt selbstverständlich zu ihren Aussagen. Damit haben sie uns Menschen viel voraus. Wir bewegen uns im Alltag häufig sehr unbewusst. Wir verhalten uns dem Pferd gegenüber irgendwie und denken nicht darüber nach, ob das etwas bedeuten könnte.

Das müssen wir auch neu erlernen. Ich habe bei der Entwicklung der Menschenvokabeln für die Pferdekommunikation jede Bewegung, das Tempo, die Laufrichtung, die Stellung der einzelnen Körperregionen und Körperteile auf ihre Bedeutung hin überprüft und entweder verworfen oder in die Bestandsliste aufgenommen.

Jeder Bewegung oder Geste ist die entsprechende Aussage zugeordnet. Alle Zeichen finden in einem bestimmten Abstand und Körperposition zu dem Gesprächspartner statt, wodurch sie ihre genaue Bedeutung erhalten. Das habe ich alles registriert. Dadurch kam eine sehr gut brauchbare Vokabelsammlung zustande, die den Menschen ohne Weiteres zum kompetenten Gesprächspartner des Pferdes macht.

Um den Konflikt, wer von beiden den höheren Rang hat, friedlich zu lösen, gilt für den Menschen ein grundsätzliches Denk- und Handlungsprinzip: allen ranghohen Aussagen zu widersprechen, selbst entsprechende Behauptungen aufzustellen, ranghohe Aussagen des Pferdes, wenn es geht, zu vermeiden oder zu vereiteln. Auf diese Weise wird man jedenfalls interessant für das Pferd. Es schenkt dem Menschen seine Aufmerksamkeit und schafft damit die Basis für eine friedliche Auseinandersetzung.

Nachdem man nun die gesamte Liste der Pferdevokabeln im Sinn hat und auch die Kombinationen lesen oder übersetzen kann, ist es an der Zeit, die menschlichen Ausdrücke zu erlernen und umzusetzen. Dazu braucht man keine anderen Hilfsmittel als das 6 Meter lange Motiva-Seil und eventuell einige geknotete Stoffteile. Alles andere wird mit dem eigenen Körper ausgedrückt und vorher natürlich in den Seminaren geübt. Es gehört eine gute Körperwahrnehmung dazu, ein aufrechter Gang, eine gute Atmung, entspannte Schultern, ein entspanntes Gesicht einschließlich der Mundpartie, die Fähigkeit, kraftvoll zu laufen, einen kurzen schnellen Sprint hinlegen zu können, gute Einschätzung des Raumes und Koordination

derselben. Auch ein kompetenter Umgang mit dem Motiva-Seil wie gezieltes Werfen, schnelles und richtiges Aufwickeln, Pendeln und Schleudern sollte gekonnt sein.

Da das Pferd den Menschen als Gesprächspartner ernst nimmt, sollte man auch von der Kondition und der Koordination her dem Gegenüber im Motiva-Viereck gewachsen sein.

Zu Anfang ist es nicht leicht, seinen Schritt und sein Tempo so zu beherrschen, dass man sich nicht unbemerkt vom Pferd ausbremsen oder beschleunigen lässt, das Pferd nicht versehentlich innen im Kreis überholt und es dadurch nach außen wendet, wenn man es nicht will und vieles mehr. Ähnlich wie beim Reiten muss man lernen und üben, bis man die einzelnen Bewegungszusammenhänge gut darstellen kann und vom Pferd verstanden und ernst genommen wird. Mit der richtigen Einstellung und dem Entschluss, vom Pferd verstanden werden zu wollen, schafft man das aber auch. Wie schon erwähnt, muss der Mensch nicht auch 130 unterschiedliche Vokabeln sprechen können. Die wichtigsten ca. 40 Gesten, die man aber auf jeden Fall sicher beherrschen muss, um sie in unterschiedlichen Kombinationen spontan und zielsicher anzuwenden, sind:

Mithilfe des Motiva-Seiles:

- Von hinten schicken
- Von vorne schicken
- Nach außen schicken
- Mit dem „Schweif schlagen"
- Gassewerfen
- Pendeln

Unabhängig vom Seil:

- Schicken durch Daraufzusprinten
- Das Lauftempo bestimmen
- Die Laufrichtung bestimmen
- Nach innen gehen
- Nach außen gehen
- Stoppen/Stoppsprung
- Ignorieren
- Ausbremsen
- Kopf senken
- Bewusst tief ausatmen
- Schulter drehen
- Hüfte drehen
- Kopf heben
- Großmachen, aufrichten
- Vorwärts drehen/frontal ausrichten
- Fest auf beiden Füßen stehen
- Gewicht auf einen Fuß verlagern
- Prusten (lautes, kraftvolles Ausatmen bei zusammengepressten Lippen und hoher Kopfhaltung)
- Abschnauben (hörbares Ausatmen durch lockere Lippen)
- Lippen fest schließen
- Kopf wiegen
- Kopf seitlich werfen
- Mit dem Fuß markieren
- Mit Baumwollknoten markieren
- Aufstampfen
- Wälzen

- Über die Pferdewälzstelle wälzen
- Einkreisen
- Eingrenzen
- Platz wegnehmen
- Weg versperren
- Rempeln
- Kopf wegdrücken und vorbeigehen
- Zuerst berühren
- Kratzen, Schubbern
- Individualabstand unterschreiten
- Futter verteidigen

Abgesehen davon, dass man sich all dies nicht vom Pferd „gefallen" lässt, sind dringend zu vermeiden:

- Rückwärtsgehen
- Rückwärtsdrehen
- Über die Lippen lecken
- Gähnen
- Sich kratzen
- Flach atmen
- Luft anhalten
- Schultern hochziehen
- Alle Gesten von Hilflosigkeit oder Ratlosigkeit
- Alle Ausdrücke, die Enttäuschung, Ratlosigkeit oder Verzweiflung signalisieren

4.3 BEISPIELE ZU AUSSAGEN / SIGNALEN IM KOMMUNIKATIONSVERLAUF

Damit man eine praktische Vorstellung bekommt, *welche* Vokabeln der Mensch *wie* sagen kann, werde ich hier beispielhaft einige wichtige Signale und *Antworten* auf die Aussagen des Pferdes aufschreiben. Zunächst einmal einige Aussagen, die alle einen hohen Rang darstellen:

- Das Pferd mit Seil von hinten schicken
- Das Lauftempo bestimmen
- Die Laufrichtung bestimmen
- Aus dem Galopp stoppen
- Stoppen mit Prusten
- Angaloppieren lassen und dann ignorieren
- Das Pferd von vorne schicken und weggehen
- Platz wegnehmen

(Abb. 20)

Diese Verhaltensweisen kann man als Mensch gut zeigen und werden alle gleichermaßen als Gebaren eines ranghohen Pferdes verstanden, sind aber in der Kraft der Aussage unterschiedlich stark. Während der Stopp aus dem Galopp für das Pferd schon eindrücklich ist, ist der Stopp kombiniert mit Prusten noch entschieden stärker und wird nicht selten vom Pferd auch mit heftigem Prusten beantwortet. Mit einfachem Platzwegnehmen zeige ich meinen Anspruch an das Territorium, was vom Pferd in der Regel unschwer angenommen wird, wohingegen mit dem Angaloppieren und anschließendem Ignorieren meist eine große Aufmerksamkeit des Pferdes, eine Art Verblüffung, hergestellt wird. Wenn ich als Mensch weiß, wie welche Geste oder Forderung verstanden wird, kann ich recht gezielt auf das Pferd einwirken und die Stimmung herstellen, die ich zur Verständigung brauche, beziehungsweise die dieses Pferd braucht, um

Abbildung 20: Das Seil von hinten/oben beschleunigt das Pferd.

sich mir vertrauensvoll anschließen zu können. Manchmal ist es schon ein großer Erfolg, zuerst einmal die Aufmerksamkeit des Pferdes zu bekommen und in ihm den Anspruch zu wecken, mit mir Mensch reden zu wollen. Dann kann ja auch erst eine Diskussion stattfinden.

Wann man was macht und wie man es sinnvoll kombiniert, hängt natürlich davon ab, wie das Pferd antwortet, und das wiederum hängt davon ab, wie das Pferd „denkt", wonach ihm ist, was es erwartet, was es als Erfahrung mitbringt.

Selbst wenn man jede einzelne Aktion sicher darstellen kann, ist es am Anfang notwendig, eine kompetente Anleitung zu erhalten, was zu tun ist. Weil Pferde ihren Teil ja super können, oft auch Freude daran zeigen, dass mit ihnen geredet wird, entsteht eine schnelle Abfolge der Antworten, und das so schnell richtig zu bewerten und zu übersetzen, gelingt dem Menschen am Anfang nicht allein. Dazu dienen meine Seminare, wo Schritt für Schritt das Können erworben werden kann. Grundsätzlich bin ich dabei, und so gut es geht, wird von mir simultan übersetzt was sich da abspielt, damit der Mensch schnell handlungsfähig bleibt oder wird.

Bei den vorhin genannten Aktionen versuchen die Pferde gerne, ein anderes Ritual einzubringen. Sie wollen den Menschen einkreisen. Das heißt, sie galoppieren außen herum und ziehen unmerklich immer dichter nach innen. Das muss verhindert oder unterbrochen werden, weil Einkreisen heißt, dass Besitzansprüche gestellt werden, und zwar an die Person oder das Wesen, das sich im Kreis befindet. Hengste kreisen ihre Stuten ein und wenn sie das mit uns Menschen tun, dann heißt es ge-

nau das: Du gehörst mir, ich bestimme. Das darf natürlich nicht geduldet werden, zumal die Pferde sehr genau schauen, ob man das mit sich machen lässt oder nicht. Wenn ja, ist man mit der Aktion einverstanden und hat sich unterworfen, und dann ist der Fall für das Pferd geklärt. Wenn aber nicht, sieht das Pferd erst einmal, es wurde verstanden, der Mensch kann tatsächlich mitreden, und er unterwirft sich nicht. Das gefällt dem Pferd, denn eigentlich sucht es ja den Ranghöheren, um sich beschützt zu fühlen. Das Einkreisen kann auf unterschiedliche Art unterbunden oder verhindert werden: *(Abb. 21)*

Abbildung 21: Verhindern des Einkreisens durch Gasse werfen.

- 🔔 Das Seil an die Bauchmitte werfen

- 🔔 Gassewerfen

- 🔔 Auf die Schulter zulaufen und damit das Pferd energetisch nach außen drücken.

- 🔔 Den Platz verlassen, selbst nach außen gehen, vor allem, wenn einem die vorangegangenen Versuche nicht gelungen sind.

Gelingt es dem Pferd nicht, den Menschen einzugrenzen, weil er das verhindert, hat man diesen Punkt im „Match" mitgenommen. *(Abb. 22)*
Falls das Pferd irgendwann stehen bleibt und kotet, heißt das fast nie, dass es eine Notdurft verrichten musste, sondern das Territorium markiert und von uns eine Reaktion erwartet. Zu dem Zweck haben wir mehrere geknotete Baumwollklumpen (altes T-Shirt oder Handtuch) dabei, die den Geruch des Menschen tragen, der dort mit dem Pferd arbeitet.

- 🔔 „Kotklumpen" auf den Pferdehaufen legen und dabei abschnauben.

Dieser Vorgang kann je nach Pferd mehrmals wieder eingefordert werden, weil das Pferd es als Herausforderung sieht und einen neuen Haufen setzt.
Wohl dem, der genug Baumwollknoten mitgebracht hat, denn wer zuletzt markiert, ist der Bessere.
So ähnlich ist es beim Wälzen. Pferde wälzen sich auch durchaus einfach so aus Wohlbehagen oder aus Schmerzen bei einer Kolik, aber eben auch, um zu markieren. Zusätzlich gibt es die Regel, dass sich der Ranghöchste zuerst wälzen darf.
Wenn man das weiß, ist es gut, das für sich in Anspruch zu nehmen, bei einem freilaufenden Pferd natürlich mit der entsprechenden Vorsicht.

- 🔔 Zuerst wälzen

(Abb. 23)

Abbildung 22: Das Motivaseil hindert das Pferd daran, den Menschen einzugrenzen.

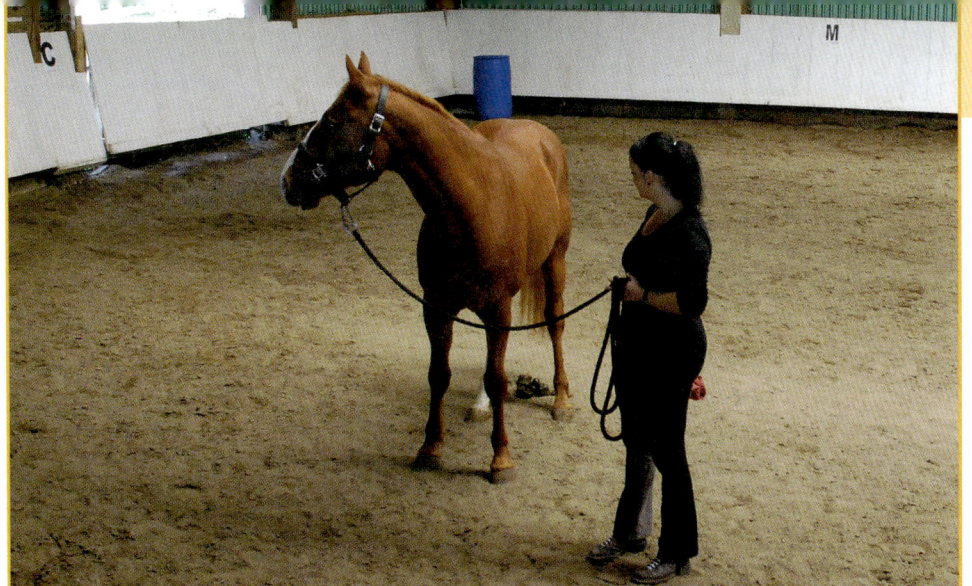

Abb.-Serie 23: Pferd kotet, Mensch hat einen Baumwollknoten zur Hand.

Kothaufen wurde mit Baumwollknoten übermarkiert.

Mensch geht in die Hocke, um zu wälzen.

Weiter Abb.-Serie 23: Pferd beobachtet Wälzabsicht.

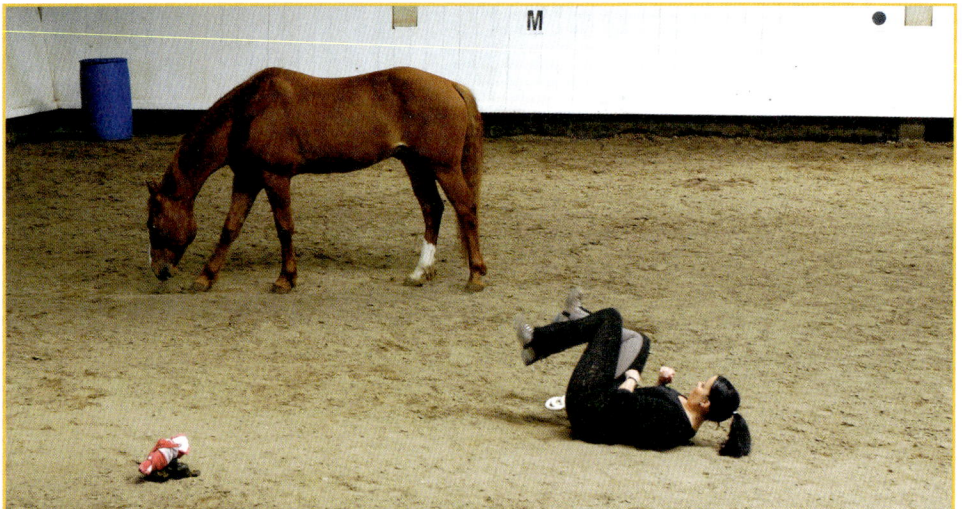

Pferd sucht eigene Wälzstelle aus.

Pferd legt sich ab zum Wälzen.

weiter Abb.-Serie 23: Wiederholtes, gründliches Wälzen im Sand.

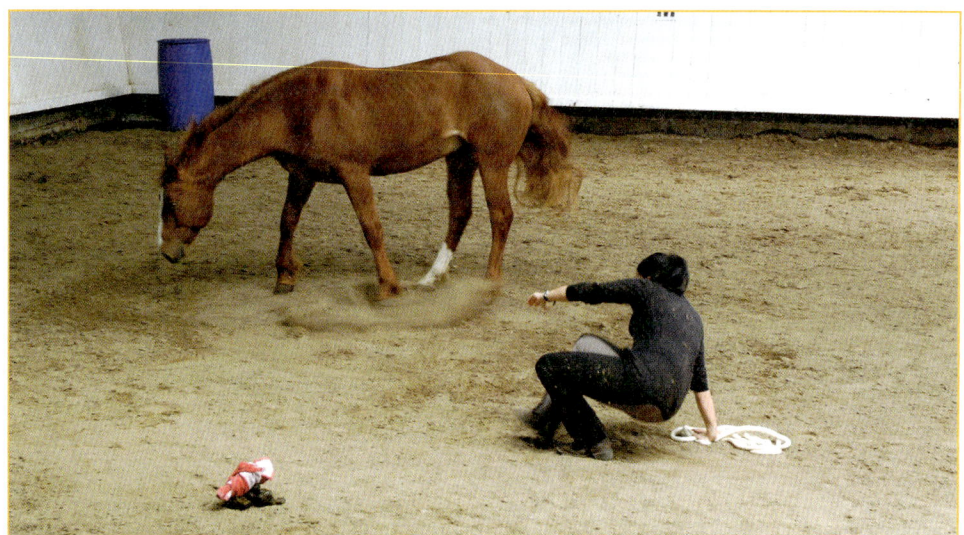

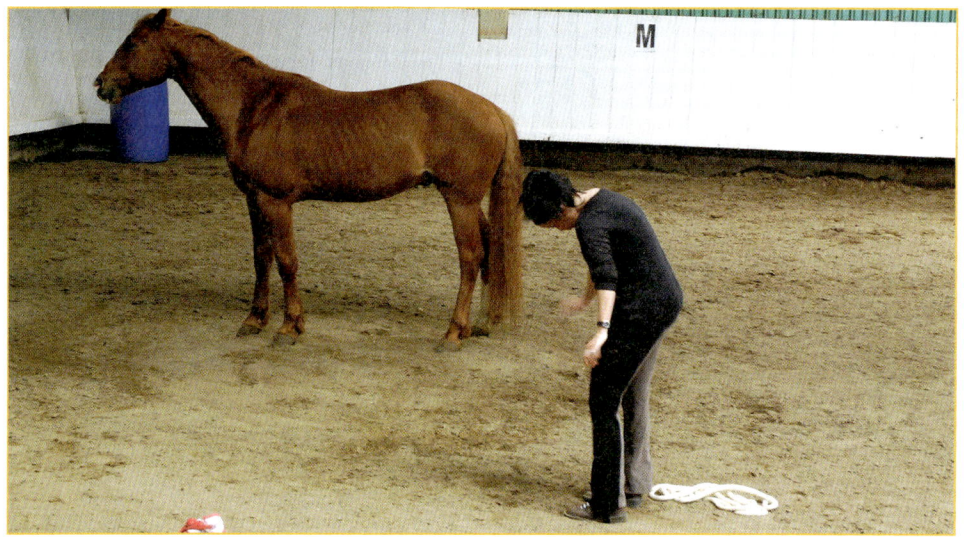

weiter Abb.-Serie 23: Aufstehen und kräftiges Abschütteln des Sandes.

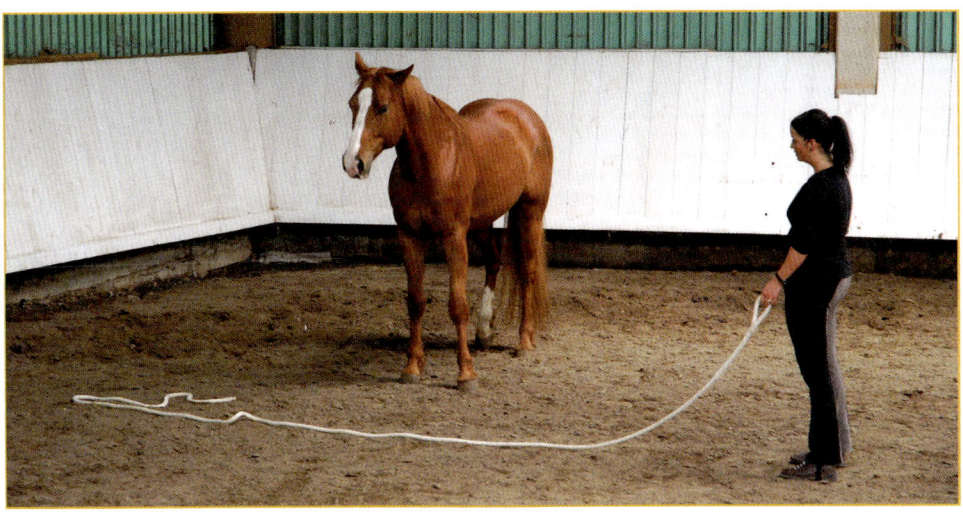

Abbildung 24: Bremsen des Pferdes durch Seilwurf vor die Vorderhufe.

- Darüber wälzen, wenn sich das Pferd zuerst gewälzt hat.

Mit diesen Möglichkeiten hat man aus der Sicht des Pferdes schon ganz gut mithalten können.

Stellen wir uns vor, der Mensch hat das Pferd irgendwo auf dem Hufschlag gestoppt. Jetzt hat es viele Möglichkeiten, seinerseits Aussagen zu machen, die ich als Mensch verstehen muss.

Es kann:

- Versuchen, langsam wegzuschleichen
- Einen Sprint hinlegen und abhauen
- auf der Hinterhand wenden und wegrennen.

Solch ein Vorhaben wird meist vorher durch ein kurzes Abstellen eines Hinterbeines angezeigt und kann oder sollte früh genug vereitelt werden. Versteht man diese Vorankündigung, ist man nicht überrum-pelt und bleibt dadurch in der Führungsposition. Man hat nun folgende Möglichkeiten:

- Pendeln mit dem Seil
- Werfen des Seils vor die Vorderhufe

(Abb.24)

- Markieren mit einem Fuß – wie Hufscharren
- Kurzer Seilschlag, wie ein Schweifschlagen des Pferdes.

Das würde auch gemacht, falls das Pferd sein Desinteresse an uns durch Herumschnuppern am Boden zeigt.

Kommt es nun von Seiten des Pferdes zu:

- Stehenbleiben mit Anschauen, Blickkontakt zum Menschen suchen
- Hinterhandwendung und damit das Vorderteil nach innen drehen

Abb.-Serie 25: Stoppen der Warmblutstute Freya.

Weiter Abb.-Serie 25: Zuwenden und Blickkontakt.

Vorhandwende und Wegnehmen der Hinterhand („Ich will dich nicht treten.")

Hinterhandwende („Ich bin interessiert an einem Miteinander.")

weiter Abb.-Serie 25: Das Pferd möchte sich dem Menschen nähern, der es durch eine Kopfbe-wegung auf Abstand hält.

Das Pferd stellt den Vorderhuf ab und bleibt stehen.

Aufmerksames Ohrenspiel, Blickkontakt und Stillstehen wird vom Menschen durch freundliches Abschnauben bestätigt.

(Abb.25)
(Das bedeutet soviel wie: Ich will mit dir Kontakt.)

- 🐴 Vorhandwendung und damit das Hinterteil wegdrehen

(Das bedeutet eher: Ich will mich nicht mit dir treten.)

Nach beiden Wendungen steht das Pferd zu einem hin ausgerichtet. Dann ist man als Mensch zufrieden und zeigt das durch:

- 🐴 Ausrichten zum Pferd, indem man eine Seite nach vorne dreht

- 🐴 Abschnauben, Ausdruck der Zufriedenheit mit der Situation.

Die Hinterhandwendung ist die stärkste dieser vier Aussagen im Hinblick auf die Unterwerfung des Pferdes oder die Anerkennung des Ranges.

Wenn die Stoppsituation so endete, dass das Pferd zwar stehen blieb, sich aber nicht für den Menschen interessierte, kann man die Sache durchaus wiederholen und das Pferd wieder auf dem Hufschlag losschicken, entweder mit dem Seil oder auch nur mit einer Hüftbewegung.

Häufig galoppiert das Pferd dann weg und tritt mit beiden oder einem Hinterbein in die Luft. Dabei ist es nicht egal, welches Bein genommen wird, und es ist auch kein Zufall. Das innere Bein, das ja auch dem „Gegner" näher ist, soll eher heißen, es wäre auch tretbereit, da ja Ranggeschichten auch gerne mit gegenseitigem Treten ausgetragen werden. Das äußere Bein zeigt mehr die allgemeine Emotion, ist aber nicht auf den Menschen gerichtet. Beide Hufe hoch ist eine Art Bocken und gilt dem Pferd selbst, weil es übermütig ist oder aber seine Erregung abbauen will. Es ist nicht zwingend gegen jemanden gerichtet.

Da man sich ja „als Pferd" in einem Dialog mit einem Pferd befindet, darf es auch bocken und treten. Der Mensch hält sich aus dem Tretbereich fern. Als Abstandhalter hat man das Seil zur persönlichen Sicherheit. Dennoch kann man an der Art des Tretens lesen, wie der momentane Zustand des Pferdes ist, und kann sich darauf einstellen und kompetent damit umgehen. Auch beim Bocken ist es so wie beschrieben. Die Gestenkombination ist die Aussage. Wir Menschen sehen mit unseren Augen und bei der Geschwindigkeit in der Regel nur die Hufe des Pferdes, die in die Höhe schnellen. In meinen Zeitlupenstudien konnte ich allerdings sehr unterschiedliche Gesichtsausdrücke feststellen, und die Emotion, die schlussendlich mitgeteilt werden soll, ist maßgeblich von der Mimik abhängig. Könnten wir wie ein Pferd wahrnehmen, wäre es gar kein Problem, den Übermut vom „Ärger" zu unterscheiden. Das ist für uns sehr schwer bis unmöglich, allerdings lernt man die Wahrnehmung insgesamt auf die Emotionen des Pferdes einzustellen und damit auch richtiger zu verstehen oder zu „übersetzen", was gemeint war.

Gerade beim Bocken gibt es Zustände, für die uns in unserem Vokabular die genaue Übersetzung fehlt. Man kann nur versuchen, möglichst genaue Beschreibungen zu liefern, wobei kein Mensch wirklich wissen kann, wie ein Pferd darüber denkt oder fühlt. Es gibt zum Beispiel das Bocken, nachdem ein Pferd beim Galopp ausgerutscht oder gestolpert ist. Das gilt niemandem, ein Mensch würde vielleicht sagen: „So ein Mist!", weil man gesehen wurde und weil die Geschicklichkeit daran gemessen werden kann. Pferde, die ausrutschen und sich *nicht* beobachtet sehen, bocken hinterher meist nicht. Geschieht das Ausrutschen oder Stolpern, wenn ein Mensch dabei steht, dann tun sie es aber fast immer. Daraus kann man schließen, dass das Missgeschick als gefühlte Inkompetenz dem Pferd selbst nicht gefällt und es das gerne verhindert hätte.

Auch das eben benutzte Wort *Ärger* trifft wahrscheinlich den wirklichen Gemütszustand nur bedingt. Pferde ärgern sich nicht, wenn ein anderer besser ist, sondern sie wollen wissen, *ob* er besser ist, weil er dann auch das Sagen und damit die Verantwortung hat.

Ich merke in meinen Seminaren immer wieder, dass es uns Menschen schwer fällt, das wirklich zu verstehen. Wir sind so darauf ge-

prägt, dass man der Beste sein soll. Die Vorstellung, der/die Zweite zu sein, wäre besser oder stimmiger für mich, ist für uns nicht ohne weiteres zu greifen, weil wir so nicht erzogen werden.

Es geht um einen friedlichen Dialog. Es ist nun am Menschen, eine Wende in das Gespräch zu bringen und ein freundliches Angebot zu machen. Man kann ein anderes Ritual anbieten und das Treten dadurch nicht verstärken, was in der Regel dann auch einfach eingestellt wird. Dazu hat man unterschiedliche Möglichkeiten.

Wichtig ist für das Pferd, dass es selbst zu dem Entschluss kommt, dass der Mensch den höheren Rang hat; diese Erkenntnis wird es dann akzeptieren.

Es wird von Pferden gut verstanden, wenn man zum Beispiel einige Möhren hat, sie irgendwo auf den Boden legt und für sich beansprucht und gegen das Pferd verteidigt. Es kennt das gut aus dem Herdenleben. Der Ranghohe darf zuerst ans Wasser oder knuspert zuerst am Birkenast, der in den Auslauf gelegt wurde.

Futter verteidigen

Aus meiner Erfahrung schließt das Pferd daraus, wer das Sagen hat.

Ruhe bewachen lassen

Ist man im Dialog schon eine gute Strecke vorwärts gekommen, kann es bei manchen Pferden sinnvoll sein, in die Hocke zu gehen und das Pferd als Wächter in Anspruch zu nehmen. Es kennt das auch. Wer zuerst ruht, muss bewacht werden. Wenn es diese Aufgabe annimmt, zeigt sich eine Verbundenheit und Zuneigung gepaart mit Herdenpflichtverhalten. Manchmal ist das ein freundlicher Abschluss des Dialoges. Ob das so ist, hängt von den einzelnen „Gesprächspartnern" und ihrer grundsätzlichen Beziehung ab.

Nicht selten kommt es zu folgender Situation: Nach einem Dialog stehen sich Mensch und Pferd gegenüber, zwischen ihnen ist ein Abstand von knapp zwei Metern, und das Pferd senkt den Kopf ein wenig, schaut den Menschen an und gähnt ausgiebig mit weit geöffnetem Maul. Tut der Mensch jetzt gar nichts, dann wird dieses Gähnen möglicherweise einige Male wiederholt. Das kann tatsächlich etwas Unterschiedliches heißen und ist fast nur aus dem vorangegangenen Verlauf der Diskussion und der gesamten Beziehung der beiden richtig zu übersetzen und durch den weiteren Ablauf nachzuprüfen.

Es kann heißen:

🐴 Ich tue dir nichts, mach dir keine Sorgen, wir stehen zwar zu nah beieinander, aber das macht nichts.

Das würde bedeuten, dass das Tier davon ausgeht, den hohen Rang weiterhin zu haben. Der Dialog hat es nicht überzeugt. Es ist dabei aber dem Verlierer gegenüber wohlwollend. In dem Fall wüsste man, dass man sich nicht überzeugend als Leittier hat präsentieren können. Das kommt häufig dann vor, wenn der Mensch tatsächlich von seiner Leistung nicht überzeugt ist, sich unsicher war oder sich an dem Tag nicht gut fühlt. Die Pferde merken das und kommentieren es auch so, was noch einmal zeigt, dass Technik alleine nicht reicht. Pferde spüren, was los ist.

Zum anderen kann es aber auch beschwichtigend heißen:

🐴 Ich weiß, du hast den Rang erworben, aber ich will jetzt trotzdem näher kommen und kumpelhaft mit dir umgehen.

Dieses Verhalten konnte ich unter Wallachen in ihrer Herde oft beobachten. Sie kämpfen und steigen und jagen sich, bis der Sieger ermittelt ist, und dann stehen sie relativ dicht zusammen und einer gähnt den anderen mehrmals an. Sobald dieser reagiert, verändert sich etwas. Entweder werden die beiden dann freundschaftlich albern, lecken sich ins Maul und kneifen sich in die Karpalgelenke, oder der Gewinner geht einfach weg und lässt den Gähnenden stehen.

Wallache zeigen dieses Gähnverhalten auch dem Menschen gegenüber mit ähnlichem Ansinnen. Ist man sich sicher, dass der Rang des Menschen nicht in Frage gestellt wird, sondern es um diese Variante geht, kann man je nach Beziehung und Ziel durchaus freundschaftliche Gesten anbieten, ohne seine gerade errungene Position einzubüßen. Man kann zum Beispiel neben dem Pferd gehen, die Hand auf dem Widerrist liegend. Das ist eine Freundschaftsbekundung. Oder man kann ein freundschaftliches Kraulen anbieten, das der Ranghöhere aus seiner Position machen darf und den Rang sogar bestätigt.

Geht das Pferd mit und gefällt ihm diese Geste, dann war alles genau richtig. Tut es das gar nicht, nicht einmal wenige Schritte, dann hat man sich getäuscht, dann gilt es die Gefühle und die Einstellung des Pferdes nachzuprüfen.

Man sieht schon an dieser kurzen Darstellung des Gähnens und seiner Bedeutung, dass das Kommunikationssystem vielseitig ist. Anhand des Raumes zwischen dem

Pferd und dem Menschen, der folgenden Kopfhaltung und Körperstellung, dem ersten Schritt, den das Pferd jetzt tut, kann man sich den richtigen Inhalt erschließen. Nur in der Kombination der Körperstellung zum Menschen, der Kopfhaltung, der ersten Bewegung nach dem Stillstehen, ist der Inhalt des Pferdeausdrucks richtig zu übersetzen. Da spielt es schon eine Rolle, welcher Fuß zuerst bewegt wird, wie die Atmung, der Lidschlag, eben das gesamte Zusammenspiel sämtlicher Körperfunktionen ist.

Das ist hier natürlich nicht bis ins Detail zu beschreiben, das muss dann in der Situation ermittelt und erklärt werden. Dafür nehme ich mir in den Seminaren immer alle Zeit, die nötig ist. Ein Laie sieht diesen Unterschied sicher nicht, dazu bedarf es der Kenntnis aller Gesten und Vokabeln; der Übung, alles zugleich zu sehen; einer ähnlichen Wahrnehmung wie die der Pferde. Durch meine ausführlichen Erklärungen in der Praxis verstehen die Kursteilnehmer aber dann die Unterschiede.

Nachfolgen lassen

Auch das Nachfolgenlassen kann ein gelungener Abschluss sein. Es ist allerdings nicht zwingend der Beweis dafür, dass das Pferd den Menschen als ranghöher anerkennt. Man muss genau hinschauen und zwischen Nachfolgen aus Respekt, Nachfolgen, um nicht alleine zu sein und Schicken des Vornegehenden unterscheiden. Das heißt, längst nicht jedes Pferd, das mit dem Mensch mitgeht, geht aus Freundschaft oder Vertrauen mit. Ich habe oft erlebt, dass Pferde das schon deswegen tun, weil sie Herdentiere sind und dort, wo sie gerade sind, nicht allein sein wollen.

Im Internet sind etliche Videos zu sehen, in denen Pferde ihre Besitzer vor sich her schicken und damit ihren eigenen hohen Rang anzeigen. Das fällt den Leuten gar nicht auf, sie interpretieren es als vertrauensvolles Nachfolgen, was aber falsch ist.

Das bedeutet, Nachfolgen kann heißen, ich will nicht alleine sein, oder ich schicke von hinten oder ich folge dir respektvoll. Welche dieser Aussagen getroffen wird, hängt dann wieder von der genauen Art des Nachfolgens ab und dem Gesichtsausdruck, dem Abstand zum Menschen und den Gesten währenddessen.

Man sieht daran die Vielschichtigkeit der Möglichkeiten, die Pferde in ihrer Sprache nutzen.

Es gibt zum Beispiel auch die Variante des Nebeneinandergehens. Das tun befreundete Pferde oft und sie haben dann teilweise sogar einen Gleichschritt. Ich hatte es bereits als Geste der Shetlandponys erwähnt. Wollen wir *das* ausdrücken, können wir Menschen die Hand auf den Widerrist legen und dann im Schritt mit ihnen gehen. Steht einem Pferd gar nicht der Sinn nach freundschaftlichem Folgen, geht es in der Regel *nicht* mit, wenn man die Hand auf den Widerrist legt und neben ihm gehen will. Diese eindeutige Freundschaftsbekundung wird nur dann gezeigt, wenn sie gefühlt wird.

Anhand dieser Beispiele wird klar, dass es unzählige Möglichkeiten gibt, wie sich ein Kommunikationsverlauf gestalten kann. Wir Menschen sind natürlich maßgeblich daran beteiligt, je nachdem, mit welcher Emotion und welchem Ziel wir das Gespräch führen.

Es liegt also eine hohe Verantwortung bei uns, damit der Dialog friedlich und dadurch ungefährlich und erfolgreich für beide, Mensch und Pferd, verläuft.

Ich halte seit 20 Jahren Seminare darüber ab und habe immer wieder die Erfahrung gemacht, wie schwer es Menschen fällt, ein Gesprächsziel zu formulieren, den dafür passenden Dialog im Sinn zu haben und diesen ungezwungen mit dem Pferd zu führen. Meist fällt es schwer, entspannt und souverän die Gesten des Pferdes zu verstehen und gleichzeitig spontan und einfallsreich zu beantworten. Das klingt so einfach, aber es ist auch nicht leichter, als in einer Fremdsprache mit einem Muttersprachler zu kommunizieren. Hier wie da zählt die Übung und nicht zuletzt die Fähigkeit, grundsätzlich gewaltfrei und freundlich Dinge zu klären, ohne dabei wieder in ungenaue oder auch unehrliche Aussagen zu verfallen, gekränkt zu sein, zu motzen oder Wut zu bekommen, weil das Pferd etwas anderes will. Vor allem darf man nicht sprachlos werden, denn das würde einem Pferd nie passieren.

Es gibt einige wenige Menschen auf der Welt, die es gewagt haben, die Sprache und Rituale der Wölfe zu erforschen. In jahrelangen Studien haben sie sich diesen Tieren gewidmet, geübt und gelernt, mit ihnen zu heulen. Sie achten auf ihre Kleidung und wie sie riecht, lassen sich beim Begrüßungsritual das Gesicht und den Mund lecken, gehen in die Hocke, damit sie nicht als Zweibeiner dastehen und verhalten sich dem Rudel gemäß richtig. So halten sie sich in dem Rudel zwischen Wölfen auf und werden von den Wölfen akzeptiert, weil sie wirklich genau wissen, was sie machen dürfen oder müssen, und was sicher nicht gemacht werden darf. Ein Fehler könnte fatale Folgen haben. Es gibt auch wenige Haiforscher, die mit Haien tauchen und schwimmen, sogar Begegnungen mit dem weißen Hai nicht scheuen. Das würde auch kein Mensch einfach so nachmachen wollen mit der Behauptung, mit Haien oder Wölfen könne jeder lernen umzugehen.

Die Sprache und das Sozialleben der Wölfe sind nicht komplexer als die der Pferde. Sie sind anders, weil sie Beutegreifer und Rudeltiere sind. Kein Mensch käme auf die Idee, nebenberuflich damit zu experimentieren und sich versuchsweise in ein Rudel zu begeben.

Anders mit den Menschen, die behaupten, die Pferdesprache zu können. Sie haben weder lange mit ihnen gelebt noch jahrelange Studien nachzuweisen. Sie ernennen sich zum Experten und experimentieren umher, weil sie vom Pferd als Beutetier keine große Gefahr befürchten. Der Behauptung, dass jeder *Pferdeflüstern* lernen kann, stimme ich zu, da das gängige *Pferdeflüstern* inzwischen ein Synonym für eine recht simple Technik ist, die man leicht in ein bis zwei Stunden erlernen und nachmachen kann.

Was aber in Pferdeherden geschieht, ist so vielseitig und komplex, dass niemand das einfach so kann. Sich dieses Wissen anzueignen ist ungefährlicher, braucht aber nicht weniger Zeit als bei dem Wolfsforscher.

Weil das alles nicht so simpel ist, habe ich Schulungsmethoden entwickelt, die es uns erleichtern, in die Welt der Pferde mit ihrer Sprache und ihrem Verhalten einzutauchen und diese Wesen wirklich zu verstehen und selbst verstanden zu werden, als Voraussetzung für eine nicht zu überbietende Freundschaftsmöglichkeit.

Und dass bzw. wie man all das lernen kann, erfahren sie im folgenden Kapitel über meine Schulungsmethoden.

5. MEINE SCHULUNGS-METHODEN

5. MEINE SCHULUNGSMETHODEN

Wie schon erwähnt, reicht es nicht, ein „Händchen" für Pferde zu haben oder ein großer Pferdefreund zu sein. Bei aller Faszination für diese wunderbaren Tiere muss man erkennen, dass wir uns in so vielem von ihnen unterscheiden, dass es nicht genügt, sie zu lieben, um sie auch zu verstehen.

Wir reagieren auf diese Wesen in einer Art, die uns oft erstaunt und nicht immer verständlich für uns selbst ist. Es gibt die Sehnsucht nach Reiten oder einfach nur Streicheln, und man weiß nicht wirklich, warum. Sicher ist nur, das Pferd löst jede Menge Emotionen in uns aus, die uns dann zu teilweise falschen Handlungen ermuntern. Eine bekannte Pferdetrainerin hat von sich behauptet, sich immer darum zu bemühen, ihren Zorn und ihre Aggression im Griff zu haben, wenn sie mit Pferden umgeht. Wenn sie in meinem Kurs wäre, würden wir schauen, warum diese Emotionen bei ihr überhaupt durch Pferde ausgelöst werden, denn mit einer unterdrückten Wut oder Ärger wird man niemals einen guten Dialog leisten können. Pferde identifizieren diese Gefühle und man wird als Gesprächspartner uninteressant. Mit solchen Emotionen ist man nicht souverän und verliert den Weitblick, leidet unter Vorurteilen und schränkt die Wahrnehmung ein. Nur mit einer friedlichen Gesinnung kann man wirkliche Anerkennung bei Pferden finden.

In den Motiva-Kursen soll das alles bewusster und gezieltes Handeln möglich werden. Auch die Körperwahrnehmung und Koordination werden geschult.

Zu der Theorie über Konflikterkennung und friedliche Lösungsmodelle und der Analyse der eigenen Beweggründe kommt die Praxis der Lauf- und Seilübungen, genauso wie die Koordinationsübung, die hilft mit der räumlichen Distanz zum Pferd fachgerecht und kommunikativ umzugehen. Das ist nicht im Hau-Ruck-Verfahren zu erlernen, es braucht Zeit und Einsicht, sowie Erfahrung mit sich selbst und dem Pferd.

Ich lehre das seit 15 Jahren erfolgreich in Jahresseminaren oder zusammenhängenden Workshops. Zu Beginn eines Seminartages hat jeder Teilnehmer die Möglichkeit, seine Erfahrungen der vergangenen Tage einzubringen, Fragen zu stellen, Unklarheiten zu beseitigen. Es folgt ein theoretischer Teil, der das Tagesthema beleuchtet. Diese Inhalte werden in der großen Runde diskutiert und bis zur Mittagspause bearbeitet. Nach der Pause schließt sich der praktische Teil in der Reithalle an, der sich in Bewegungsübungen, Seilübungen, Übungen mit einer Pferdesimulation und natürlich auch mit Pferden aufteilt. In einer Kaffeepause kann man nochmals all das besprechen, wofür ein Bedarf entstanden ist, und nach der Pause setzt sich der praktische Teil fort. Am Abend werden die Ergebnisse des Tages noch einmal zusammengefasst, bevor sich jeder wahlweise noch mit seinem Pferd befasst oder nach Hause fährt. Diese Tage sind sehr informativ und lehrreich. Die Lerninhalte werden beim nächsten Seminar oder am nächsten Tag weitergeführt, damit eine kontinuierliche Schulung erfolgen kann.

5.1 KRITISCHE BETRACHTUNG DER SELBSTWAHRNEHMUNG

Mit der Selbstwahrnehmung haben die Pferde es leichter als wir. Sie nehmen sich selbst so wahr, wie sie sind. Sie haben kein Problem damit, zu jung oder alt, klein oder groß zu sein, sie schämen sich nicht, wenn sie ängstlich sind, und verfügen nicht über Bilder und Vorstellungen im Kopf, die sich nicht mit ihrer Realität decken.

Unsere Selbstwahrnehmung ist oft von einer Selbsttäuschung oder Selbstüberschätzung beeinflusst, was einem bewusst wird, wenn man mit seinem Pferd in dem Motiva-Viereck steht.

Pferde sind so, wie sie sind, und sie nehmen uns auch wahr, so, wie wir sind und nicht so, wie wir gerne sein würden, oder was wir ihnen vorgeben oder glauben zu sein. Das bedeutet, man kann sich nicht mutig geben, wenn man Angst hat, freundlich tun, wenn man sauer ist, geduldig wirken, wenn man es eilig hat, denn sie merken das. Von daher ist es klug, zumindest zu versuchen, sich so zu zeigen, wie man ist. Da fängt das Problem aber schon an, denn weiß man das wirklich von sich?

Vielen Teilnehmern meiner Seminare fällt es nicht leicht, ihr momentanes Gefühl zu identifizieren und ehrlich konkret zu benennen oder zuzulassen. Aus dem Lebensalltag ist man gewohnt zu funktionieren, man trägt nicht „das Herz auf der Zunge". Man kümmert sich nicht mehr um die eigenen *Gefühle bei der Arbeit,* sondern man tut, was man soll. Man fügt sich in sein Schicksal und gibt sich so, wie es von einem erwartet wird und nicht, wie es einem zumute ist.

Dieses Verhalten klappt bei der Arbeit mit Pferden nur bedingt, in der Kommunikation mit ihnen geht es so nicht. Denn sie merken schnell, wie authentisch derjenige ist, der da agiert.

Deswegen bemühen wir uns in den Seminaren darum, den Mut zur Ehrlichkeit zu entwickeln und genau hinzuschauen, wer man ist, wie man denkt, was man will, was man fühlt und warum. Diese Arbeit ist spannend und führt zu verblüffenden Erkenntnissen. Es ist sehr entlastend, die Erfahrung zu machen, einfach so zu sein, wie man ist, ohne dass etwas passiert.

Natürlich ist das nur der erste Schritt. Anschließend geht es darum, ehrlich herauszufinden, wie man innerlich auf unterschiedliche Erfahrungen reagiert. Was geschieht, wenn man glaubt, abgelehnt zu werden? Ist man dann traurig, hilflos, defensiv, wütend, aggressiv, aktiv, verständnisvoll, großzügig, forschend, ratlos? Und was tut man gewöhnlich, wenn man genau das ist?

Diese Fragen sind nicht im Handumdrehen zu beantworten. Man muss nachdenken, sich erinnern, Beispiele aus der Vergangenheit suchen und allmählich ein Bild entwerfen, wie die eigenen Handlungsweisen und Gefühlslagen erinnert werden. Wie ist man geprägt, was hat man in seinem Leben verinnerlicht?

Um das hautnah herauszufinden, machen wir in den Seminaren psychologische Übungen. In simulierten Situationen werden von mir Aufgaben gestellt, die den Menschen an diese Schwellen bringen. Er entwickelt dann ähnliche

Gefühle, die auch das Pferd bei ihm auslösen würde. Er kann sich dem Gefühl zuwenden, es zulassen und darüber sprechen. So gewinnt er Klarheit für sich und kann in aller Ruhe entscheiden, was er dem Pferd zeigen oder sagen will und als Handlung für richtig hält. Er ist nicht überrumpelt und daher auch in Folge dem Pferd gegenüber nicht sprachlos. Außerdem kommt es nach solchen Übungen seltener zu falschen oder hilflosen Gesten während des Motiva-Trainings. Das Bewusstsein darüber, dass Pferde bei der Arbeit mit ihnen starke Gefühle in uns auslösen können, hilft jedem, sich selbst in den Situationen besser zu verstehen, weniger zu projizieren und authentischer zu sein.

Was zum Beispiel häufig zu Beginn im Motiva-Viereck geschieht, ist, dass sich das Pferd sofort abwendet und mit anderen Dingen beschäftigt. Es zeigt kein Interesse für den Menschen, der extra gekommen ist und sich doch um es kümmern und mit ihm „sprechen" will. Das Pferd sagt: „Ist mir egal.", und lässt sich erst einmal nicht ein. Nicht selten erlebe ich schon an dieser Stelle den ersten „seelischen Zusammenbruch" des Teilnehmers, weil er damit nicht gerechnet hat und enttäuscht ist. Diese Enttäuschung bedingt dann das nächste Verhalten, diese Stimmung schlägt sich im nächsten Schritt nieder. Der eher hilflos Reagierende weiß jetzt nicht weiter, der Wütende wird Aggression zeigen oder schmollen und beleidigt sein. Jeder nächste Schritt des Menschen ist ein wenig aus der Stimmung heraus programmiert, die ihn da überfallen hat.

Aus diesen momentanen Gefühlen entspringen auch die dann folgenden Ideen, wie mit der Situation umgegangen werden kann. Die Objektivität geht verloren, die Verletztheit oder der Ärger bestimmen die Antwort des Menschen. Ein Dialog mit dem Pferd würde jetzt eskalieren, er hat keine Chance auf ein konstruktives Ergebnis.

Es ist sehr spannend zu entlarven, was da gerade in dem Menschen geschehen ist. Wir finden gemeinsam heraus, welche Gefühle losgetreten wurden.

Anschließend überprüft man, was stattdessen die richtige Einschätzung des Pferdes gewesen wäre, ohne die eigene Projektion. Nach der Analyse kann man gut den richtigen Plan fassen, der für das Pferd dahin gehört, und die Beziehung zu ihm klären.

Weil man nicht immer die Gelegenheit hat, die theoretischen Anteile während eines Motiva-Trainings im Viereck im Beisein des Pferdes zu erörtern, wird das in ruhigen Situationen ohne Pferd teilweise vorher schon besprochen. Im Motiva-Viereck kann man sich dann einfach und zeitnah auf das Besprochene beziehen. Auf diese Weise ist das Pferd mit diesen Gesprächen und Stimmungen auch nicht dauernd konfrontiert.

Um sich selbst richtig wahrzunehmen und einschätzen zu können, braucht man das bewusste Erleben, die Erfahrung mit den Gefühlen. Erst wenn man sich kennt und die eigene Reaktion auf Erlebnisse einschätzen kann, lernt man sich selbst realistisch wahrzunehmen.

Es reichen folgende Gedanken des Menschen, um Unsicherheit beim Pferd auszulösen:

- Hoffentlich kann ich das.

- Ich glaube, das kann ich nicht.

- Hoffentlich mache ich es richtig.

- Letztes Mal konnte ich es nicht.

Pferde, die beim Menschen Selbstzweifel spüren, geben häufig nicht die Hufe zum Auskratzen, oder lassen sich nicht anbinden, einfangen oder irgendwohin führen. Sie wollen selbst Herren der Situationen bleiben und begeben sich nicht in Abhängigkeit von einem unsicheren Wesen, das sicher nicht die Kompetenz der Leitung hat. Wenn es dem Menschen durch seine realistische Selbsteinschätzung gelingt, die eigenen Zweifel zu überwinden, zuversichtlich an das Pferd heranzutreten, minimieren sich diese Probleme oder sie verschwinden sogar. Nur durch die ungeschönte Selbstwahrnehmung und die anschließende Korrektur der Bedenken und des daraus resultierenden Verhaltens kann man dem Pferd Souveränität signalisieren. Viele SeminarteilnehmerInnen sind sehr erstaunt, wie fein Pferde „Gedanken lesen". Sie nehmen die Stimmungen und Zweifel so genau wahr, als könnten sie in uns lesen. Das ist eine ihrer Fähigkeiten, die sie in dem Herdenleben brauchen und praktizieren. Große Anteile ihres Alltags sind davon geprägt, sich gegenseitig mit Absichten und Möglichkeiten richtig einzuschätzen. Diese Fähigkeit wenden sie gleichermaßen bei uns Menschen an.

Erfahrungsgemäß sind Menschen anfänglich aufgeregt, wenn sie mit dem Pferd konfrontiert sind, um mit ihm zu „spre-

chen". Der Puls beschleunigt sich, die Atmung zeigt es auch, locker und souverän ist man nicht. Diese Unsicherheit empfindet man am Anfang. Es fällt einem nichts mehr ein, obwohl man dachte, ganz viel zu können. Das geht fast jedem so und ist nicht schlimm. Wenn man nicht mehr von den Gefühlen überrascht wird, kann man diese Probleme langsam auflösen. Also lernt man nicht nur den Umgang mit dem Pferd, sondern auch mit sich, und trotz seiner Aufregung, das Richtige zu tun.

Selbst eine einfache praktische Übung unter den Seminarteilnehmern wie: „Beginne ein Gespräch mit deinem rechten Nachbarn", kann schwierig sein. Man weiß nicht, was man sagen soll, das kommt einem jetzt künstlich vor, man lächelt verlegen oder kann, außer „schlicht" über das Wetter zu reden, gar nichts sagen. Wenn der rechte Nachbar auch nicht redseliger ist, verstummen die beiden schnell und keiner weiß weiter.

Einen freundlichen Dialog mit dem Pferd zu starten ist nicht leichter. Auch hier muss einem einfallen, was man sagen will, und das ohne jede Künstlichkeit.

In den Seminaren sind solche Erfahrungen mit Seminarteilnehmern untereinander sehr hilfreich, weil man selbst seine Grenzen ausloten kann. Man merkt ohne Stress, wie man ist; was es bedeutet, in der Gruppe etwas zu sagen, ob und wie stark blockierend die Aufregung wirkt. Um sich selbst kennenzulernen, sind solche Übungen sehr wegweisend und hilfreich für die Selbsteinschätzung.

Im Motiva-Viereck brauchen wir intensive Achtsamkeit. Man achtet auf alle Phänomene, während man mit dem Pferd zusammen ist. Während man sich der eigenen Gedanken und Gefühle bewusst ist, realisiert man die Sinneseindrücke des Pferdes und seine emotionalen Vorgänge. Eine derart breit gefächerte Aufmerksamkeit ermöglicht eine recht genaue Wahrnehmung der gesamten Situation. Das garantiert ein immer exakteres Verständnis und ein daraus resultierendes richtiges Handeln.

Zu der Selbstwahrnehmung gesellt sich natürlich auch die Fremdwahrnehmung, *wie* der Mensch das Pferd wahrnimmt und wie er dessen Verhalten interpretiert. Vermutet man, das Pferd sei gerade aggressiv, bewegt einen das natürlich zu anderen Reaktionen, als wenn man das Verhalten als Spiel oder freundliche Annäherung deutet.

Die Wahrnehmung des Gegenübers und die Interpretation seines Verhaltens hängen von den eigenen Gefühlen und Erfahrungen ab. Daher ist die Kenntnis derer nötig, um richtigen Umgang mit dem Pferd pflegen zu können.

Ich schule das Schritt für Schritt, die Kompetenz entwickelt sich nach und nach. Es wird mit leichten Übungen begonnen und so gesteigert, wie es für den Einzelnen gut passt.

Niemand wird überfordert, aber jeder wird gefordert und gefördert. Es gibt genügend Zeiten für Gespräche, um alles theoretisch zu hinterfragen und zu erörtern.

Was aber sicher schon zu erkennen ist: Das zu lernen ist nicht an einem Wochenende möglich. Jeder Mensch braucht Zeit, um sich verstehen und mit seinen Gefühlen und Fähigkeiten arbeiten zu können. Das geht nicht schneller als es geht. Es ist ein Vorteil meiner Arbeit, dass jeder auch die Zeit bekommt, die er braucht, gleichgültig, wie lange es dauert. Insofern stelle ich keine Prognosen, gebe keine Versprechen, in welcher Zeit man was beherrscht. Das wäre nicht seriös. Ich kann nur sagen, es ist erlernbar, und nach jedem Seminartag weiß und kann man mehr. Leben und - Leben verstehen - lernt man nicht im Crashkurs und Motiva auch nicht.

5.2 ERKENNEN DER EIGENEN MOTIVE

Ergänzend zur Selbstwahrnehmung ist es wichtig, das eigene Motiv zu kennen, warum man gerade jetzt mit dem Pferd arbeitet und welches Ziel man erreichen will. Sehr unterschiedliche Dinge können auch bei Menschen der Grund für ein Treffen sein. Das Ziel der Unterhaltung prägt die Stimmung der Begegnung.
Ein Mensch lädt einen anderen zum Kaffee ein :

- Weil er alleine ist und Gesellschaft haben möchte.

- Weil der andere alleine ist und man ihm Gesellschaft leisten will.

- Weil beide sich gut kennen und Lust haben, einander zu sehen.

- Weil er den anderen unter 4 Augen sprechen will, um ihm etwas Persönliches zu sagen.

- Weil er sich von dem anderen einen Vorteil verspricht, wenn er den persönlichen Kontakt aufbaut.

- Weil er über ein Gespräch etwas Wichtiges herausfinden will.

- Weil er in den anderen verliebt ist und ihn kennenlernenwill.

- Weil er eine dritte Person damit ärgern will.

- Weil die Person von ihrem Zuhause weggelockt werden soll, um da eine Überraschung vorzubereiten.

- Weil die andere Person um ein Gespräch gebeten hat.

Das sind jetzt nur 10 unterschiedliche Gründe, warum ein Treffen stattfinden kann. Diese Palette ist erweiterbar. Nicht weniger Gründe gibt es, mit dem Pferd reden zu wollen:

- Weil der Mensch Angst vor dem Reiten hat.

- Weil der Mensch das Pferd ausbilden will.

- Weil das Pferd Angst vor der Reithalle hat.

- Weil es Angst vor der Longierpeitsche hat.

- Weil es Angst vor Menschen hat.

- Weil es erfahren soll, dass der Mensch verständlich reden kann.

- Weil es erfahren soll, vertrauen zu können, um danach die Hufe zu geben.

- Weil der Mensch eine freundschaftliche Beziehung aufbauen will.

- Weil der Mensch analysieren will, wie das Pferd denkt, was es befürchtet.

- Weil der Mensch sich einsam fühlt.

Auch das sind 10 Gründe und es gibt noch viele mehr. Jede einzelne Motivation, jeder Grund, das Gespräch zu suchen, ist mit Erwartungen und Gefühlen verwoben. Das bedingt in hohem Maße den Beginn, den Verlauf und somit auch den Erfolg des Dialoges. Das gilt für beide Varianten, den Dialog unter Menschen oder den zwischen Mensch und Dialogpartner.

Abbildung 26a: Berit Kirchner mit Knabstrupperstute Cheyenne.

Jeder der vier würde selbst spüren, ob er sich in dem Gespräch wohlfühlt, ob das Interesse ihm gilt oder ob er eher ein Mittel zum Zweck ist. Pferde haben da noch feinere Antennen als viele Menschen. Sie merken frühzeitig, was in dem Gegenüber vorgeht. Falls man sich unter einem Vorwand getroffen hat, gehen sie dennoch mit der eigentlichen unausgesprochenen Motivation um. Man kann dem Pferd nichts vormachen. Also lässt man das besser und versucht es auf direktem ehrlichem Weg. Das klappt dann auch. Dazu muss man seine Gedanken und Gefühle kennen und zulassen. So setzt man sich das passende Gesprächsziel.

Zum Beispiel:

Habe ich ein psychisch gestörtes Pferd, das den Glauben an den Menschen verloren hat, wirkt mein Ziel unter Umständen bescheiden, wenn ich mich im Laufe des Motiva-Trainings mit einer angefangenen Hinterhandwendung für diesen Tag zufrieden gebe. Diese bedeutet, das Pferd konnte sich entscheiden, sich ein wenig auf mich einzulassen, indem es mir eine vorsichtige Kontaktwilligkeit signalisiert hat. Sein Handeln würde man als Mensch bestätigen, es danach den Eindruck und Ausdruck verarbeiten lassen, um am nächsten Tag das Gespräch dort wieder aufzunehmen. Der Vertrauensaufbau zwischen Mensch und Pferd hätte begonnen und würde in den für das Tier leistbaren Schritten fortgesetzt.

In diesem Fall ist meine Motivation ein therapeutisches Denken. Dem Pferd soll geholfen werden. Die Leistung des Pferdes besteht darin, sich erneut auf Menschen einzulassen, obwohl seine Lebenserfahrung dagegen spricht. Vielleicht braucht es viele kleine Schritte, um zum Beispiel „nur" den Hufschmied an sich heranzulassen.

Vor über 20 Jahren kaufte ich ein Pferd von einem Händler. Es war eine 5-jährige Stute, Cheyenne; sie war tragend und hatte entsetzlich ungepflegte Hufe. Sie zitterte, sobald ein Mann in ihre Nähe kam. Sie ließ sich kaum berühren, und es war nicht daran zu denken, einen Huf zu heben, geschweige denn, diesen zu bearbeiten. Männerstimmen versetzten sie in Panik. Durch meine Arbeit mit ihr wurde im Laufe der nächsten Monate ein gutes umgängliches Pferd aus ihr. Sie bekam ein gesundes Fohlen, an das sie mich auch problemlos heranließ, und in meinem Beisein war auch die Untersuchung durch den Tierarzt kein Problem. Sie wurde später ein verlässliches Schulpferd. Auf ihr haben viele Leute Reiten lernen können, und auch heute ist sie noch eine „Lehrerin", mit der man Vertrauen zu Pferden erlernen kann. Das Blatt hat sich gewendet, sie zeigt inzwischen, was es heißt zu vertrauen, und konnte durch das Motiva zurück in ein normales, unbelastetes Pferdeleben finden. *(Abb. 26a)*

Anders sieht die Arbeit mit einem Pferd aus, das überhaupt kein Problem mit Menschen hat. Da erwarte ich in dem Dialog auch eindeutige Vertrauenszeichen. Ich habe dann den berechtigten Anspruch an die Situation, die Beziehung zu diesem Pferd zu klären, den Rang zu bestätigen, die Lernmotivation herzustellen oder zu erhöhen, abhängig vom weiteren Verlauf im Umgang mit ihm. Nach dem Motiva ist die Beziehung definiert, das Pferd ist munter und wachsam, es will mit mir zusammmen sein und mir gehorchen. Auf

dieser Basis kann ich als Ausbilderin dem Pferd dann die Lektionen vermitteln, die es braucht.

Ist das Pferd noch jung, unter drei Jahren, dann hat es zumindest teilweise noch den Kinder- oder Jugendstatus und ist auch anders zu behandeln als ein ausgewachsenes Schulpferd. Was ich sagen will, ist, dass jedes Pferd ein Recht auf individuellen Umgang hat und jeder Dialog anders ist.

Wenn mir mein Gesprächsziel bewusst ist, werde ich genau wie unter Menschen natürlich das Erreichen des Zieles anstreben. Mit vielfältigen Signalen und Gesten werde ich den Dialog so führen, dass auch das dabei herauskommt, was ich brauche. Ich muss nicht nur auf das Tier reagieren, sondern bringe meine Sätze oder Herausforderungen selbst ins Spiel. Dadurch fordere ich das Pferd auf, zu antworten und sich einzulassen. Wichtig ist wieder, meine Motivation zu kennen beziehungsweise mir ehrlich einzugestehen. Umso authentischer wird das Arbeitsergebnis. Es nützt nichts, zu sagen, ich will meinem Pferd zeigen, wie gern ich es habe und seine Freundschaft erreichen, wenn es in Wahrheit heißen muss, ich möchte das Pferd angstfrei reiten, ich bin aber nicht sicher, ob es mich abwirft, ich traue ihm nicht oder ich traue ihm zu, mich herunterzubocken.

Der Motiva-Dialog würde in jedem der beiden Fälle nämlich völlig anders beginnen und verlaufen, und daher muss man schon ehrlich wissen und sagen, was denn wirklich ansteht.

Sicher ist gerade im Freizeitreiterbereich ein häufiges Motiv, vom Pferd verstanden werden zu wollen und geliebt zu werden. Man will einzigartig für sein Pferd sein, die wichtigste Person in seinem Leben. Es tut uns gut, uns vorzustellen, es wäre so: „Mein Pferd lässt nur mich auf sich reiten." Das war schon bei Fury das Event, und die Frage ist, was wir Menschen wirklich in diesen unseren Pferden suchen. Welche Nähe sollen sie uns vermitteln und wofür steht das?

Doch selbst wenn wir diese Fragen hier nicht beantworten und sie einfach als menschlichen Bedarf so stehen lassen, erreicht man die Erfüllung dieses Traumes am zielsichersten mit dem Motiva-Training.

Zu verstehen und verstanden zu werden ist die Voraussetzung für eine tiefe vertrauensvolle Freundschaft. Je mehr Verständnis herrscht, desto geringer werden die Enttäuschungen sein, weil gerade durch ein Wissen um den anderen falsche Hoffnungen vermieden und keine falschen Rechte abgeleitet werden. Es spricht nichts dagegen, mutig zu diesem Gesprächsziel zu stehen, damit es sich auch erfüllen kann.

Als Lehrer seines Pferdes braucht man für die Vermittlung seiner Lehrinhalte eine gute Verständigung zwischen sich und ihm. Hilfreich ist die Bereitschaft des Tieres aufzupassen, lernen zu wollen, den Willen des Menschen zu respektieren und umzusetzen. Durch die Motiva-Arbeit stellt man eine Basis des Vertrauens her, die den natürlichen Lerneifer des Tieres entfacht.

Unabhängig vom Lernen und Lehren hat man gelegentlich Lust, einfach mit dem Pferd zusammen zu sein und eine schöne Zeit miteinander zu verbringen. Man trifft sich, redet zusammen, widmet dem Pferd Zeit und Zuwendung, ohne Leistungsanspruch an beide. Das entspannt und eventuell entwickelt sich aus der Zusammenkunft und der Verständigung noch

der Bedarf, einfach ohne Sattel und Zaumzeug eine kleine Runde zu reiten, oder eine gymnastizierende Bodenarbeit anzuschließen. Wenn die Motivation hieß, eine gute Zeit mit dem Pferd zu genießen, hätte man das Ziel für beide auf diese Weise erreicht.

Entspringt die eigene Motivation nicht dem Wunsch nach Verständigung mit dem Pferd, sondern soll die Aktion nur der Selbstdarstellung dienen, ist das für mich und das Motiva nicht akzeptabel. Dann wird das Pferd für menschliche Zwecke benutzt. Das Ziel, sich darzustellen, wird erreicht, man wird ja gesehen, vielleicht auch bewundert, weil die Zuschauer selbst auf eine Show programmiert sind und nichts anderes erwarten. Das Pferd ist Mittel zum Zweck, es macht, was es muss, aber es wird sich innerlich nicht extrem verändern.

In den unterschiedlichen Shows mit Pferden geht es darum zu verdienen. Auch wenn es anders genannt wird, das Pferd hat nichts davon, die Motivation zu der Aktion hatte von Anfang an nichts mit seinem Wohl zu tun. Daher sind diese Pferde auch als Anschauungsobjekte austauschbar, es geht nicht um das Individuum, seine Gefühle oder sein Schicksal.

Für mein Motiva-Training lehne ich das ab. Hier soll es wirklich um Verständigung gehen. Es schadet nicht, wenn zugeschaut wird, es ist aber nicht das Ziel, gesehen zu werden. Das ist auch einer der Gründe, warum ich mit meiner Arbeit und meinem Wissen bisher nicht auf Messen aufgetaucht bin.

In den Seminaren helfen die Gespräche mit den Teilnehmern, die eigene Motivation klar zu formulieren. Es heißt nicht: Das Pferd soll ..., sondern: Was will ich klären, wie schaffe ich für beide eine gute Beziehung und somit sinnvolle Arbeitsvoraussetzungen? Weswegen stehe ich hier?

In dem Beispiel, in dem ein Mensch einen anderen zum Kaffee einlädt, würde er dem Gast keine Gedanken mitteilen, die das Gesprächsziel gefährden könnten. Er würde anders tun als er denkt. In diese Falle kann man auch im Motiva laufen. Man denkt anders als die Gedanken eigentlich sind. Wir üben, davon abzulassen.

Es ist immer wieder interessant, anhand unterschiedlicher Menschen und Pferde zu erleben, wie sich an einem einzigen Tag so viel zwischen den beiden ändern kann. Jeder Teilnehmer erlebt ja nicht nur sich selbst mit seinem Pferd, sondern auch die anderen Kollegen, und kann dadurch diese Logik und die Vielfalt an mannigfachen Beispielen erkennen und begreifen.

Abbildung 26b: Diana Quest mit Legolas.

5.3 KONFLIKTERKENNUNG UND WEGE DER FRIEDLICHEN KONFLIKTLÖSUNG

Um ein gutes Gesprächsziel und einen passenden Dialog entwickeln zu können, ist es hilfreich, sich Gedanken über die aktuelle Konfliktsituation zu machen. Das bedeutet nicht, dass man dringend Streit mit seinem Pferd haben oder gehabt haben muss. Machen wir uns noch einmal an Beispielen klar, was das Pferd „denkt", wenn der Mensch mit ihm in der Reithalle steht:

- Es hat den hohen Rang und man muss gar nicht näher darüber verhandeln.
- Es hat den hohen Rang und will dies dem Menschen zeigen.
- Es geht davon aus, dass der Mensch den hohen Rang hat, es hat aber augenblicklich andere Interessen.
- Es weiß nicht, wer den hohen Rang hat und will es herausfinden.
- Es hat kein Interesse an Menschen, weil es oft enttäuscht wurde.
- Es hat Angst vor Menschen, weil ihm Schmerzen zugefügt wurden.
- Es hat Angst in der Reithalle als Raum, weil es dort schlechte Erfahrungen gemacht hat.
- Es hat Hunger und will in seinen Stall oder auf die Wiese.
- Es hat Durst, es will trinken.
- Es kennt den Menschen und will mit ihm reden.

Zeitgleich steht der Mensch da mit seinen Ansprüchen und Wünschen:

- Er will „Chef" sein.
- Er will *sich* vor Publikum darstellen.
- Er will mit der Vorstellung Geld verdienen.
- Er will vom Pferd anerkannt werden und es soll auf ihn achten.
- Er hat Angst, das Pferd zu reiten, und will irgendetwas vom Boden aus klären.
- Er will ihm zeigen, dass er es liebt.
- Er will es therapieren.
- Er will die Beziehung stärken.
- Er will mit ihm reden und zeigen, dass er es versteht.
- Er will vom Pferd geliebt werden.

Schon an den wenigen ausgewählten Beispielen wird klar, dass die beiden wahrscheinlich mit sehr unterschiedlichen Bedürfnissen und unter verschiedenen Bedingungen in der Reithalle stehen. Ein Interessenkonflikt ist vorprogrammiert und ein Machtkonflikt auch. Der Pferdealltag ist gespickt mit Situationen, in denen das Pferd nicht will, was der Mensch erwartet oder fordert.

Das domestizierte Pferd muss ganz andere Aufgaben erfüllen als der frei lebende Kollege. Vieles, was Pferde für uns machen sollen, ist nicht artgerecht oder natürlich. Insofern kann ein Pferd nicht von sich aus atypische Dinge tun wollen. Es kommt also notgedrungen zu Interessenkonflikten, die aber friedlich lösbar sind.

Wie schon gesagt, gebietet der Instinkt des Pferdes, keinem freiwillig zu gehorchen, der rangniedriger ist als es selbst. Damit ist der erste Schritt der Strategie auch schon klar. Es gilt jetzt, den Rang darzustellen und deutlich zu machen. Zunächst einmal wird die Behauptung ja von beiden Seiten aufgestellt. So etwas kann schnell in Streit ausarten und das ist es, was man sicher nicht will. Man will das Pferd mit eleganten Lösungen überzeugen. Man zeigt sich so wie das Pferd auch von seiner besten Seite; kompetent, klug, souverän und stark. Wenn man die Dialogangebote des Pferdes kontern kann und selbst Vorschläge ins Spiel bringt, ist es immer nur eine Frage der Zeit und manchmal auch der Kondition und Konzentration, bis das Pferd erkennt, dass der Gegner kein Feind sondern ein Gegenüber mit hohen Führungsqualitäten ist.

Friedliche Konfliktlösung heißt auch in diesem Fall nicht, mit Halfter und Strick an dem Pferd zu ziehen und zu schieben, es zu bewegen, egal wohin. Wir lassen es laufen, damit wir im freien Umgang Aussagen treffen können, die das Pferd beantworten wird. So erarbeiten wir uns sein Interesse, sichern uns seine Mitarbeit und machen uns ihm gegenüber zu einem interessanten Herdenmitglied mit Führungsanspruch.

Damit der Dialog so effektiv wie möglich geführt werden kann, wird der Konflikt beschrieben. Was will das Pferd – was will der Mensch von dem Pferd und von sich. Je genauer man weiß, was man will, je geradliniger das benannt wird, desto realistischer ist auch der Lösungsweg zu ermitteln.

Stellen wir uns einen Interessenkonflikt zwischen Menschen vor. Die eleganteste Lösung ist, wenn man den anderen davon überzeugen kann, das Gleiche zu wollen wie man selbst, weil es das Beste für beide ist. Etwas weniger schön, aber immerhin akzeptabel, ist der Vertrag zwischen beiden: Wenn du machst, was ich will, tue ich anschließend auch, was du willst. Das wäre ein Kompromiss an die Situation, die Begeisterung des Zusammenarbeitens wäre aber geringer als im ersten Fall.

Unfriedlich wäre die Lösung, den anderen zu erpressen oder zu zwingen, zu tun, was ich will, weil ich Macht über ihn habe, und die gemeinsame Freude wäre nicht zu erleben.

Durch das Motiva hat der Mensch die Möglichkeit, die erste Variante zu wählen. Das Pferd ist ein Instinktwesen. Wenn es jemanden entdeckt, der seine höhere Kompetenz beweist, bekommt er den Rang und es ist fast ein Automatismus, dass dann das gemacht wird, was das Leittier anstrebt. Es wird innerlich kein Widerstand dagegen empfunden. Von daher hat man die Möglichkeit, die überzeugte Mitarbeit des Pferdes zu erwirken, und sichert so den höchstmöglichen Lernerfolg und die Freude am gemeinsamen Tun.

Ich möchte auch an dieser Stelle noch einmal darauf hinweisen, dass ein Chef sich nicht durch Requisiten wie Peitsche, Stricke oder Halfter, die sich zuziehen können, auszeichnet, sondern durch Führungsqualitäten, die denen des Pferdes ebenbürtig oder überlegen sind. Weder Gewalt noch Druck über Hilfsmittel machen den Menschen zum Leittier oder zum souveränen Vorgesetzten, sondern nur genau die Handlungsweisen, die das Pferd auch in einer Pferdeherde wiederfinden würde.

Logischerweise ist es so, wenn das Pferd sich nicht aus freiem Willen für die gemeinsame Arbeit entscheiden kann, weil es dem Menschen auch nicht den höheren Rang zugesteht, dann bleiben leider die beiden weniger schönen Varianten der Zusammenarbeit, auf die dann ohne die Inanspruchnahme des Motiva-Trainings meist hilflos zurückgegriffen wird.

Meiner Erfahrung nach ist es ein stetiger Prozess, der sich im Pferd während des Motiva-Trainings vollzieht. Dabei ist der Verlauf unterschiedlich, abhängig davon, ob das Pferd das Motiva-Training kennt. Weiß es, jetzt kommt ein Dialog mit Rechten auf beiden Seiten und fairen „Redebedingungen" auf es zu, steigt es wahrscheinlich sofort in die Situation ein und eröffnet die Partie. Der Mensch klinkt sich in den Dialog ein und das Motiva nimmt seinen Lauf.

Pferde, die nur die traditionellen Ausbildungs- und Erziehungsmethoden kennen, wissen nicht, dass wir ihre Sprache sprechen. Umso erstaunter zeigen sie sich, wenn sie uns erleben. Man erkennt bei ihnen die Vorbehalte gegen Menschen und sieht ihre Verblüffung über die neue Erfahrung. Sie staunen, dass es Wesen gibt, die ihre Sprache sprechen und überprüfen gerne, ob das ein Zufall ist, oder ob sich das wiederholen lässt. Weil ihr Erstaunen oft größer ist als ihr Klärungsbedarf, analysiert man den dahinter liegenden Konflikt manchmal erst beim nächsten Mal.

Ist einem das Pferd noch fremd, kennt man nicht seine früheren Erfahrungen mit Menschen und Reithallen. Also beobachtet man am besten erst einmal, was es sagt, wie es mit der Situation umgeht, was es von dem Menschen erwartet. Man macht eine

Art Bestandsaufnahme, macht sich ein Bild darüber, ob und womit das Tier Probleme hat, welche Eigenschaften es mitbringt, wie es den Menschen einschätzt. Nicht selten stellen sich solche Pferde erst einmal dar, tun sehr imposant und markieren das neue Revier.

Dadurch, dass alle Vokabeln, die der Mensch verwendet, unschwer vom Pferd sofort verstanden werden, also nicht eines Lernprozesses oder Trainings bedürfen, kann man als Mensch auch mit einem fremden Pferd sofort beginnen und sagen, was man zu sagen hat. Inhaltlich hängt das natürlich in erster Linie von dem Gegenüber, also dem Pferd und seiner persönlichen Biographie ab, die man dadurch auch kennenlernt oder studieren kann. Ein eingeschüchtertes Pferd wird sich anders verhalten als ein unerzogenes oder aggressives.

Der Dialog, der Tonfall, das Gesprächsziel, bestimmen sich also weitgehend erst einmal durch das Wesen, um das es gerade geht. Natürlich ist dadurch auch der Konflikt bestimmt, den es zu ermitteln gilt. Wenn man sich darüber klar geworden ist, sich ein Bild von der Lage und der Stimmung machen konnte, entscheidet man über das weitere Vorgehen. Es gibt niemals die pauschale Lösung oder die pauschale Vorgehensweise. Jedes einzelne Motiva-Training ist individuell und hat ein eigenes Ziel, das sich der Mensch teilweise erst setzt, während er mit dem Tier Kontakt hat, immer auf das Pferd abgestimmt und zu seinem Besten.

Es gibt also kein Schema, das man erlernt und dann immer wieder ähnlich abspult, sondern es gleicht vielmehr menschlichen Gesprächen, die auch immer anders sind, auch wenn die Thematik sich gleichen sollte.

Wichtig ist, dass das Pferd nach Erreichen des Motiva-Vierecks immer sofort frei gelassen wird, auch das Halfter wird ausgezogen, weil es sich nun wie ein „Wildpferd" fühlen darf und soll.

Der Verzicht auf jegliches menschliches Hilfsmittel, mit dem man ein Pferd halten kann, ist nötig, damit es nicht aus der Erziehung heraus beim Menschen bleibt oder eine andere Form des Gehorsams zeigt.

Es ist frei und hat die Wahl, alles zu tun, was ihm einfällt. Es kann weglaufen, sich abwenden, ganz egal; es soll ja zeigen, wie ihm zumute ist und was es von der ganzen Sache hält. Der Mensch macht sich nun ein Bild der Lage, versteht die Aussagen des Pferdes und kann den zu lösenden Konflikt eingrenzen und betiteln.

Mein Anspruch ist, mit dem Pferd auf freiwilliger Basis zu kommunizieren, ohne dass es festgehalten wird, und dem Pferd die Entscheidung zu überlassen, wie es sich mir gegenüber verhalten will. Wenn es am Strick durch das Gehege geführt würde, könnte es nicht weg und ich wüsste nicht, was es wirklich entscheiden würde. Gleichermaßen würde ich nicht sehen, wie es denkt, wenn ich es sofort erschrecken und von mir wegjagen würde. Das kommt nicht in Betracht. Ich brauche die Beobachtung und anschließende Interpretation seines Verhaltens in Zweisamkeit mit mir, um zu wissen, wie der augenblickliche Stand der Beziehung und seiner Gefühle ist.

Sein Vertrauen zu mir muss sich über meine Kompetenz, mein Vertrauen in das Pferd und die Richtigkeit der Situation herstellen, dann kann ich problemlos am Ende der Unterhaltung das Pferd mit oder ohne Halfter streicheln und zurückbringen, wohin es soll.

Da Pferde niemals schmollen, bockig oder stur sind, wie wir es reichlich aus menschlichen Beziehungen kennen, lassen sie sich unschwer auf Angebote ein, die freundlich und ehrlich an sie herangetragen werden. Sie erwarten kein unterwürfiges oder scheinheiliges Tun, weil sie das auch selbst nicht im Angebot haben, sie könnten es gar nicht. Pferde sind unmittelbar, ehrlich und direkt, sagen, was sie denken und können nicht schauspielern. Alles, was sie sagen, ist wörtlich zu nehmen und eins zu eins umzusetzen.

Sie sind auch nicht höflich oder diplomatisch, sie sind Pferde mit allen positiven Eigenschaften, die sie brauchen; zuzüglich der Störungen, die sie im Umgang mit dem Menschen und der domestizierten Haltungsweise erlernt und erfahren haben. Wenn der Umgang mit ihnen schwierig ist, dann meist durch diese Störungen bedingt, die sie nicht hätten, wenn alles für sie gut gelaufen wäre.

Im Motiva erkennt man recht genau, ob es Störungen gibt und welche Probleme vorhanden sind, und kann sich gleich damit beschäftigen und darauf eingehen. Weil es eben so sein kann, hat man also bei der Konflikterkennung nicht nur mit irgendwelchen Machtstrukturen zu tun, sondern auch mit fehlendem Vertrauen bis hin zu großem (berechtigtem) Misstrauen Menschen oder Reithallen gegenüber. Daher definiert sich der Konflikt bei der Arbeit, während des Dialoges mit dem Pferd, und kann vorher zwar vermutet, aber nicht festgelegt werden.

Ich erlebe auch immer wieder Pferde, die zunächst einmal gar keine Gesprächsbereitschaft zeigen, die auf ihre Weise schon aufgegeben und mit dem Menschen abgeschlossen haben. Dann muss ich den Konflikt lösen, dass das Pferd nicht mit mir reden will, und habe ein Misstrauen zu zerstreuen, das schon zum Schweigen geführt hat.

Es zeigt sich also, dass die Konflikterkennung mannigfach ist und sehr sensibel und gekonnt erfolgen muss. Ich halte es demnach für fehlerhaft, was beim Pferdeflüstern zu sehen ist, immer nach dem gleichen Ritual vorzugehen, mit dem Ziel, sich als „Chef" oder „Leittier" zu produzieren.

Jeder Mensch bringt in dieses Gespräch notgedrungen seine Emotionen und Lebenserfahrung mit, und zwar die mit Menschen und die mit Pferden. Das hat eine große Auswirkung. Wie im Vorangegangenen bereits gesagt, lebt jeder Dialog von den begleitenden Gefühlen. Da sind die Gefühle des Menschen nicht weniger einflussreich als die des Pferdes. Pferde haben Antennen, mit denen sie die Gefühlslage der Herdenmitglieder recht schnell und präzise erkennen. Das gilt auch für das Miteinander zwischen uns Menschen und Pferden.

Es ist leicht für das Pferd herauszufinden, wie es uns geht und es kann schnell lesen, was in uns vorgeht. Die Palette ist groß, wie wir wissen. Angst, Wut, Erwartung, Anspruch, Freude, Enttäuschung, Misstrauen, Ärger, Konkurrenz, Spannung, Zweifel und Sehnsucht sind Emotionen, die uns in der Begegnung mit Pferden begleiten können. Pferde spüren nicht nur Naturkatastrophen wie Erdbeben im Voraus und gehen damit um, nein, sie erspüren auch uns mit unseren Gedanken und verstehen uns manchmal direkter als wir selbst. Wir

machen uns die Situation betreffend oft etwas vor, während das Pferd „zwischen den Zeilen liest" und sich sein eigenes Bild machen kann, genauer, als wir dazu in der Lage sind.

Jedenfalls ist das Aufeinandertreffen davon gezeichnet und bestimmt vieles von dem *mit*, was nun zwischen beiden geschieht; ob und wie das Pferd sich einlässt und was es uns von dem, was wir sagen, glaubt.

Damit man auch wenigstens nur das sagt, was man ausdrücken will, ist es wichtig, die Vokabeln sicher zu können und sich sehr bewusst zu bewegen. Man sollte vermeiden, versehentlich Bewegungen oder Gesten zu machen, die pferdesprachlich etwas bedeuten, die aus Sicht des Pferdes eine Aussage sind, auf die es natürlich eingehen würde.

Ich komme noch einmal auf die menschlichen Emotionen zurück. Natürlich muss man erst einmal sagen, dass man sie hat, meist erzeugt man sie nicht willkürlich, sondern sie sind einfach da, sobald die Situation erlebt wird. Was nun? Kommt man zu dem Schluss, das Gefühl kann man jetzt irgendwie gar nicht brauchen, was ist zu tun? Man kann es ja nicht einfach löschen, und man kann auch nicht so tun, als wäre einem anders zumute, also schauspielern, das sagte ich schon. Was kann man aber tun?

Ehrlich damit umgehen! Wenn ein Gefühl auftaucht und vom Menschen identifiziert wird, dann weiß das Pferd es auch schon. Also bleibt im Grunde nur, genau das auszudrücken. Ist der Mensch plötzlich beispielsweise enttäuscht, weil sein Pferd ihn ignoriert und nicht mit ihm redet, dann ist der nächste Schritt, diese Enttäuschung zuzulassen und zu entscheiden, wie er den nächsten Schritt gehen kann, *obwohl* er enttäuscht ist. Jetzt heißt der Konflikt plötzlich: Ich habe Probleme damit, abgewiesen zu werden, und in dieser Stimmung fühle ich mich nicht stark, eher hilflos und traurig, vielleicht sogar sauer auf das Pferd. Es hilft dann zu verstehen, *warum* das Pferd einen ignoriert. Es will wissen, wie stark der Mensch ist, welche Qualitäten er hat und ob er als Führungsperson in Frage kommt. Deshalb provoziert es ein Verhalten beim Menschen; es sucht Antworten auf diese Fragen.

Das bedeutet zeitgleich vom Pferd ernst genommen zu werden, sonst würde es sich gar nicht auf ein Gespräch einlassen. Dieses Wissen sollte einem über das etwas selbstmitleidige Sich-abgelehnt-fühlen hinweghelfen. Jetzt ist es gut, dieses Ignorieren als Ansporn zu nehmen und zu zeigen, was man kann. Der Mensch hat jetzt die Aufgabe, sich mithilfe seiner Vokabeln selbst darzustellen, sein Revier zu erobern und sich sinnvoll und unabhängig auszudrücken. Der Mensch behauptet nun: Ich fühle mich hier wohl, das ist mein Territorium, in dem ich mich froh und angstfrei aufhalte. Es wird nicht lange dauern, bis das Pferd neugierig wird und staunt, was man da Tolles macht (sagt) und sich einem zuwendet. Mit dem entsprechenden Ausdrucksrepertoire weckt man die Neugier des Pferdes. Jetzt geht es ab diesem Punkt weiter im Dialog, so als ob das Interesse schon von Anfang an da gewesen wäre. Diese Darstellung erfolgt natürlich komplett mit den Vokabeln und dem Verhalten aus der Pferdekommunikation und wird deshalb auch in jeder Sekunde vom Pferd übersetzt und verstanden. Wichtig ist, das Verhalten des Pferdes nicht ahnden zu wollen, sondern zu verstehen, warum es was macht, und ihm den Wind aus den Segeln nehmen, indem man der „Bessere" ist. Das wiederum stellt das Pferd zufrieden, weil es genau das von uns Menschen wissen will. Dieses eine Beispiel soll dafür stehen, dass also jedes Gefühl, das mitgebracht oder gerade hergestellt wird, eine Rolle spielt, weil es unser Handeln bestimmt. Deswegen beschäftigen wir uns in der Ausbildung auch damit, welche Gefühle man entwickelt, wie man auf etwas reagiert. Wir arbeiten *gefühlvoll* mit den Pferden. Das ist in jeder Hinsicht wörtlich zu nehmen. Gerade wenn man voller Gefühle ist, ist es nützlich, diese zu kennen, richtig zuzuordnen und sie den Leitfaden für das Handeln sein zu lassen. In meiner Schule heißt es nicht: „Sei doch nicht so emotional!" Doch! Sei es, aber kenne deine Emotionen und schau, wohin sie gehören, damit du gerecht und richtig damit umgehst.

An dieser Stelle möchte ich noch einmal betonen, um so mit Pferden zu kommunizieren, braucht man eine Ausbildung in Theorie und Praxis. Um sich das, was ich schreibe, wirklich vorstellen zu können, muss man es erlebt haben, weil es so phantastisch klingt. Es ist genau so vielfältig, spannend und realistisch, wie ich es schreibe, und kann ähnlich wie das Autofahren nur durch intensives Üben in Theorie und Praxis erlernt werden.

Niemand kann den Führerschein machen, indem er sich ein Buch durchliest oder jemandem beim Autofahren über die Schulter schaut. Auch hier braucht man viel praktische Erfahrung, man muss hinschauen, zusehen, erleben, üben, und braucht vor allem den „Fahrlehrer". Nicht anders beim Motiva; man wächst so in diese erstaunliche Welt hinein.

Die vielen Berichte in unterschiedlichen Medien, die Pferdekommunikation als einfaches Wegschicken und Heranholen darstellen, mit der Behauptung, das sei die ganze Welt der Pferdesprache, haben die weit verbreitete Meinung hinterlassen, dass das bereits alles sei.

Davon muss man sich befreien. Ich erlebe, dass dadurch einige Vorurteile und Ablehnung oder Enttäuschung bei Pferdebesitzern entstanden sind, da das große Aha-Erlebnis nach dem Flüstern ausblieb und die einfache Handhabung des Pferdes nicht möglich war – was natürlich auch nicht zu erwarten war.

Teilweise wird mir erst einmal misstrauisch begegnet und gesagt, Pferdeflüstern sei bereits bekannt.

Zeige ich dann, dass hier kein Pferdeflüstern, sondern wirkliche Kommunikation mit Pferden unter dem Gebrauch vieler Vokabeln und Antworten des Pferdes stattfindet und sich daraus spannende Begegnungen entwickeln, sehe ich in erstaunte Gesichter und erlebe verblüffte Menschen, die sich das, was sie jetzt sehen, niemals vorgestellt hätten.

Dafür nimmt man in jedem Fall auch eine entsprechende Schulung geduldig in Kauf. Es gilt, eine Welt der Gefühle zu entdecken und zu beschreiten, von der man sich keine Vorstellung gemacht hat und die alles in der Beziehung zum Pferd neu definieren lässt. Es ist eine spannende Arbeit mit sich, seinem Körper, seinen Gefühlen und dem Pferd, die jeden Tag Lust auf mehr macht. Die Begegnung mit den Gedanken der Pferde, die Nähe, die sie unter diesen Bedingungen herstellen wollen und können, ist ein nicht zu bezahlender Lohn für den Einsatz, den man bringt.

Abbildung 26c: Wälzen als Rangordnungsritual

5.4 SCHULUNG DER KÖRPERBEWEGUNGEN UND DES RAUMGEFÜHLS

Die Sprache der Pferde untereinander setzt sich aus unterschiedlichen Stimmlauten, Körperbewegungen und dem dargestellten Raum zusammen. Das heißt, dass der Raum zwischen zwei Pferden eine Bedeutung hat, er ist eine Aussage zu der Beziehung oder der momentanen Situation der beiden. Wir Menschen gehen mit dem Raum zwischen uns im Alltag eher unbewusst um, obwohl er für uns auch eine nicht unbedeutende Rolle in unserem Leben und unseren Beziehungen spielt.

Wir begreifen als Raum das Nichts, das zwischen zwei Gegenständen oder Lebewesen ist. Jeder hat sein eigenes „Raumgefühl", das ihm gefällt oder gut tut. Wir stellen in unseren Zimmern die Möbel so hin, dass uns der Raum dazwischen gefällt, oder arrangieren Blumen in einer Vase, die durch den Raum zwischen ihnen wirken. Gerade bei Blumensträußen hat sich bei uns in den letzten Jahren etwas geändert. Die locker gesteckten Blumensträuße sind häufig den fest gebundenen Arrangements gewichen, wo jede Blume fest an die andere gedrückt wird und ein Strauß durch eine Art feste Fläche wirken soll, die von nebeneinander liegenden Blumenköpfen gebildet wird. Diese Fläche wird wiederum von einem festen grünen Blätterrand umrahmt. Das Gegenteil ist die Ikebanakunst in Japan, die den Raum zwischen den Blumen zur Wirkung einsetzt.

Ich war 1975 in Japan und besuchte diverse Tempel- und Gartenanlagen. Dort wurde sehr gezielt mit der Darstellung und Wirkung des Raumes gearbeitet. Für die Japaner war das, wo nichts ist, keine Leere, sondern es hatte eine Bedeutung; es war eine Aussage, die uns in unserer Kultur eher fremd erscheint. Auch wenn es uns gefällt, sehen wir natürlich alles unter unseren europäischen Gesichtspunkten. Für die Japaner war es eine Philosophie, Raum oder Zwischenräume zu gestalten. Es schien, als seien die Gegenstände nur da, um den Zwischenraum darzustellen oder zu behaupten.

Es ist also so, dass der Zwischenraum eine Bedeutung hat, auch dann, wenn es sich um Gegenstände und nicht um Lebewesen handelt. Die Bedeutung ist kulturell verschieden und jeder ist aus seinem Umfeld davon geprägt. Handelt es sich um den Raum zwischen lebendigen Wesen, so gewinnt er noch an Aussagekraft und Wirkung. Das drückt sich auch in unserer Sprache aus:

- Man sucht Nähe.
- Man geht auf Distanz.
- Man steht sich nahe.
- Man hat sich auseinander gelebt.
- Man hält sich jemanden auf Abstand.
- Komm mir nicht zu nahe.
- Bleib mir vom Pelz.
- Halte dich von mir fern.

- 🕯 Du hast mich berührt (auch im übertragenen Sinn).

- 🕯 Du bist so distanziert.

- 🕯 Um Haaresbreite.

Dies alles sind Formulierungen, die wir umgangsprachlich häufig nutzen, um die Position zu dem anderen innerhalb der Beziehung zu bestimmen oder zu beschreiben. Daran ist schon ersichtlich, dass der Raum um und zwischen zwei Menschen etwas über die Beziehung aussagt und auf diese einwirkt.

Ganz klassisch zeigten die Regeln bei Hofe, welche soziale Stellung nötig war, um sich den Gemächern der Hoheiten auf eine bestimmte Entfernung nähern zu dürfen. Es gab den großen und den kleinen Zutritt und zig Regeln, wann wer wohin durfte; Rechte, die man sich selten erwarb, sondern die durch die Geburt und die dadurch entstandene soziale Stellung zugesprochen wurden. Auch die Art und Weise, *wie* der andere da ist, hat in allen Kulturen eine entsprechende traditionelle Bedeutung. Auch heute, in unserer modernen Zeit, stehen alle auf, wenn der Richter in den Saal kommt, oder man verneigt sich vor dem Papst. Es gibt immer noch den Hofknicks, den Handkuss, und Anstandsregeln, wie wer bei Tisch aufstehen oder sich setzen darf; kurz, es gibt eine Menge Regeln aus der Benimmschule, den guten Ton. Viele davon haben mit dem Raum zu tun, der zwischen zwei Menschen eingehalten, unterschritten oder hergestellt wird.

Die Aussage, die man mit dem Abstand zu jemandem trifft, hängt meist mit der emotionalen Beziehung zu der Person zusammen oder dem Respekt, den man ihr entgegenbringt und zeigen will. Sicher haben sich diese Regeln in der heutigen Zeit sehr gelockert, dennoch wird über solche Vorschriften nach wie vor eingefordert, dass bestimmte Personen der Gesellschaft und ihr Amt zu respektieren sind.

Interessanterweise wird ja, wie schon erwähnt, gerade im Zusammenhang mit dem Pferd sehr häufig von Respekt gesprochen, womit meist Angst, mindestens aber Vorbehalte und Misstrauen gemeint sind. Würde wirklich Respekt empfunden, wäre das ein Segen für die Pferde, es gäbe keine Rollkur, keine Prügel für unverstandene oder schlecht ausgeführte Lektionen, keine dunklen Verließe, in denen das soziale Lauftier Pferd in Einzelhaft gehalten wird, keine Schlachttransporte. Respekt vor dem Pferd würde heißen, ihm wirklich gerecht zu werden und ihm Lebensräume, Lebensbedingungen und Umgangsweisen zu schaffen, die seiner Würde gerecht werden. Pferde zollen sich gegenseitig diesen Respekt und zeigen das unter anderem durch Einhaltung der Abstandsregeln. Der Individualabstand ist abhängig von der durchschnittlichen Größe der Rasse und beträgt bei unseren Warmblütern etwa 3 Meter. Bei Ponys ist er etwas geringer und bei Shettys noch weniger, wahrscheinlich kann man im Groben die Körperlänge der Tiere als Grundmaß ansetzen. Der Individualraum darf nicht einfach beschritten werden. Wird er in Herden eingehalten, steht niemand im Beiß- oder Tretbereich.

Der Ranghohe zeigt seine Stellung, indem er in den Raum des Rangniedrigeren eindringt, dieser dann weicht und ruhig das Feld räumt. Dabei ist zu beachten, aus welchem Winkel und in welcher Geschwindigkeit das geschieht.

Da oft ein ranghöheres Pferd ein rangniedrigeres pflegen will, muss es ihm Signale geben, die diese Absicht erkennen lassen, sonst würde pausenlos gewichen und keines könnte ein anderes berühren. Hierbei hat die Kopfhaltung eine wichtige Aufgabe. Wird der Raum unterschritten, indem man gerade von vorne oder von hinten kommt, wird in der Regel Platz gemacht. Auch im rechten Winkel auf die Schulter zuzugehen, bewirkt ein Abwenden. Soll das Gegenüber stehen bleiben, weil das zweite Pferd Kontakt aufnehmen will, wird sich langsam in einem Winkel genähert, und andere Signale wie Kopfsenken mit aufgerichteten entspannten Ohren werden kombiniert, damit nicht ausgewichen wird. Wallache nähern sich zum Spiel gerne auf Schulterhöhe im Seitengang, ein untrügliches Zeichen: „ich will nur spielen, bleib stehen". Geht ein ranghohes Pferd zur Tränke und im Weg steht ein rangniedriges, dann macht dieses meist unaufgefordert Platz, weil es um die Regeln weiß und sinnloser Streit möglichst vermieden wird.

Mit ihrem Gespür füreinander wissen Pferde irgendwie, ob jemand Nähe herstellen will oder den Rang klären möchte. Das alleine reicht aber nicht immer aus. Also werden sowohl das Tempo als auch die Schulterposition zum Signal. Hals-, Kopf- und Ohrenstellung bestätigen oder verstärken, wenn es nötig ist. Ein durchgängiges Tempo bewirkt fast immer das Ausweichen des anderen; soll der andere aber stehen bleiben, wird das Laufen unterbrochen, ein kurzes – Stop-and-Go – sorgt dafür, dass ein freundlicher Körperkontakt hergestellt werden kann.

Viele Pferdehalter haben Erfahrung damit, dass sie ihr Pferd von der Weide holen möchten und es nicht stehen bleibt. Genau das wird hier beschrieben. Macht man es richtig, gibt man kein Signal, dass das Pferd weg gehen soll, dann bleibt es. Das kann noch verstärkt werden, indem man durch Abschnauben die freundliche Absicht bestätigt oder verstärkt. Wir Menschen wissen leider nicht instinktiv, wie es richtig gemacht wird, darum müssen wir es erst lernen, um es zu können.

Dieses Raumgefühl, das Tempo, die Atmung, im Zusammenhang mit den Regeln, üben wir in den Kursen. Mir fällt noch einmal das Modell Führerschein ein. Wie schwierig scheint es zu Anfang, Gas und Kupplung richtig einzusetzen, während man auch noch die Fußgänger, die Verkehrszeichen im Blick hat und den Weg sucht, wo man abbiegen soll. So viele Dinge auf einmal zu koordinieren scheint beinahe unmöglich, man hat Stress. Das legt sich, irgendwann wird es ein Automatismus und man fährt und unterhält sich noch angenehm dabei. Unser Gehirn hat all das gelernt und wir können es einfach abrufen. Das ist beim Motiva gleichermaßen. Am Anfang ist es schwer, die Schritte, das Tempo, die Richtung, den Kopf, die Atmung aufeinander abzustimmen, während man das Pferd im Blick hat und sich auf es einstellt. Ohne Üben und den richtigen Lehrer geht es nicht, aber mit beidem ist es spannend und man kann es irgendwann völlig zwanglos und entspannt.

Vieles wird am Anfang mit Menschen ohne Pferd geübt, damit man sich irren darf, Fehler nicht schlimm sind und man durch die Fehler und deren Korrektur lernen kann, ohne Stress zu bekommen.

Hier möchte ich noch einmal darauf hinweisen, wie schwierig es sein kann, wenn das Pferd gewohnt ist, dass der Mensch Pferdeleckerli in den Taschen hat. Das domestizierte Pferd lernt sehr schnell, wo es diese in unseren Taschen findet, und macht sich auf die Suche. Dabei wird jedweder Respekt vor dem Menschen unterlaufen, da siegen der Geschmack und die Gewöhnung über den Instinkt, die Regeln beachten zu wollen. Wenn wir dem Pferd erlauben, uns zu beschnuppern, Essen einzufordern, dazu in unseren Individualraum einzudringen, uns zu berühren oder gar anzurempeln, dann lehren wir es in diesem Moment, dass wir niedrig im Rang sind oder die Regeln selbst nicht kennen oder sie ignorieren. Man würde sich mit diesem Verhalten manches kaputt machen, was man vorher aufgebaut hat, da ein solches Verhalten jeder Pferdelogik von Rang und Sicherheit widerspricht.

Daher ist es wichtig, völlig auf diese Art „Belohnung" zu verzichten und immer ganz konsequent auf der Verhaltensebene der Pferde zu bleiben. Nur so hat man die Chance zu erkennen, man braucht diese Bestechung oder Belohnung auch nicht, um eine freundliche Zuneigung zu seinem Pferd zu zeigen. Ein liebevolles Kraulen oder einfach da zu sein, zeigt dem Pferd viel genauer, was man meint, und drückt auf seine ihm vertraute Weise die Gefühle aus, die wir empfinden.

Geht man also auf sein Pferd zu, fasst es an, krault es, dann bekommt man neben der Aussage von Freundschaft sogar noch die des hohen eigenen Ranges geschenkt, da ja, wie bekannt nur der Ranghohe zuerst berühren und den Raum unterschreiten darf.

Geht ein Pferd in den Schlaf und legt es sich hin, wird es traditionell von einem anderen bewacht. Da gilt die Abstandsregel nicht. Das andere Pferd darf sehr dicht herankommen, allerdings wird der Schlafende nicht berührt, außer er soll aufgefordert werden, aufzustehen. Der Wachhabende kann entweder still bei dem Kollegen stehen oder aber auch die Gegend immer wieder ruhig um den Liegenden herum abschreiten, sogar umkreisen, das ist in diesem Fall kein dargestellter Besitzanspruch, sondern ein Sichern der Landschaft.

Stehen zwei Pferde relativ dicht nebeneinander und eines nimmt seinen Kopf etwas nach außen zur Seite, dann trifft es damit die Aussage, dem anderen Raum zuzugestehen.

Steht ein Pferd neben dem Menschen und nimmt es seinen Kopf zum Menschen hin, ist das die Aussage, es geht von seinem höheren Rang aus und will das nur noch einmal feststellen.

Ich habe dieses Verhalten häufig beobachtet und meist reagiert der Mensch reflexartig und macht ein wenig Platz, weil es einfach eng wird. Genau das sollte damit ja auch bewirkt werden und somit hat das Pferd aus seiner Sicht friedlich und verletzungsfrei seinen Standpunkt geklärt und bestätigt bekommen.

Unabhängig vom dargestellten Raum zwischen zwei Pferden beziehungsweise zwischen Mensch und Pferd, achten die Pferde sehr genau auf unsere Bewegungen, wie wir sie ausführen und welche Körperteile vordergründig zum Sprachgebrauch eingesetzt werden. Sie sprechen ihre Körpersprache, die spezielle der Pferde, nicht zu verwechseln mit Körpersprache im Allgemeinen, und anders als wir Menschen. Das bedeutet beispielsweise, dass der erhobene Zeigefinger Körpersprache des Menschen ist, nicht aber Pferdesprache.

Wer länger mit Pferden Umgang hat, weiß, dass die Kopfhaltung viel aussagt. Das aufmerksame Pferd trägt den Kopf hoch mit nach vorne gerichteten Ohren und schaut wachsam, das Flüchtende reißt den Kopf sehr hoch und das Kämpfende auch, das Entspannte senkt den Kopf beim Gehen. Auch beim Grasen oder Feststellen der Markierungen auf der Erde wird langsam gegangen und die Nase berührt fast den Boden.

Wir kennen das Kopfschütteln beim Pferd mit heftig wehender Mähne, Ausdruck für Übermut oder auch einmal Ärger, und auch das sanfte Kopfwiegen, das inhaltlich etwas wie „ich will das so nicht" bedeutet. Der Kopf, der zur Seite genommen wird, zeigt durch Herstellung von Abstand oder Distanz Respekt vor dem anderen. Jedwede Art des Platzmachens ist im weitesten Sinn Aussage des Unterlegenseins; der mit dem hohen Rang erwartet, dass es getan wird, er tut es nicht selbst. Das bedeutet in der Praxis, wenn der Mensch sich klein macht, wegschaut, Platz macht, dann sagt er damit aus, dass er den Rang an das Pferd abgeben will.

Zum Motiva gehört also, die einzelnen Kopfhaltungen und Bewegungen zu identifizieren und auch selbst entsprechend nachzuahmen und so einzusetzen, wie man das braucht, um zu sagen, was zu sagen ist.

In der Praxis heißt das zum Beispiel, wenn ich ein Pferd aus dem Galopp stoppe und es dann entscheidet, nach dem Stopp nicht zu verharren, sondern schnell weg-zulaufen, was es wahrscheinlich durch Abknicken eines Hinterhufes anzeigt, dann würde ich als Mensch durch dieses spezielle Kopfwiegen zeigen, dass ich seine Absicht erkenne und nicht billige. Das führt in der Regel dazu, dass das Pferd meine Kompetenz erkennt und anerkennt und somit von seinem Fluchtvorhaben absieht.

Alleine in dieser kurzen Aktion liegen etliche unterschiedliche Vokabeln, die ich lesen und sprechen können muss. Erfahrungsgemäß finden Pferde das spannend und „denken" sich immer neue geschickte Strategien aus, denn es muss ja der Beste ermittelt werden.

Ist man ungeschult, passiert es einfach, dass man mit der Kopfhaltung versehentlich etwas aussagt, was man nicht wirklich meint, weil wir Menschen nicht gewohnt sind, uns so bewusst zu bewegen. Pferde beobachten außerdem sehr genau unsere Atmung (flach oder tief, schnell oder ruhig), den Lidschlag, den Mund, ob wir uns über die Lippen lecken, das ganze Gesicht. Sie sind darauf geeicht, winzige Bewegungen zu registrieren und sich einen Reim darauf zu machen. Das tun sie natürlich auch mit uns, darum sollten wir nur „machen", was wir sagen wollen. Man glaubt nicht, wie ungewohnt das ist; wie viele Leute den Kopf schräg halten, eine Schulter senken und damit beschwichtigend wirken, ohne dass sie es wissen.

Im Motiva-Viereck ist man mit dem Pferd in voller Aktion und natürlich braucht es Zeit, bis man, während man dort agiert, auch zeitgleich genau weiß, was man mit seinem Kopf und Gesicht gerade aussagt. Daher wird es immer wieder geübt und unter kontinuierlicher Anleitung ausprobiert, die teilweise mit Videoaufnahmen unterstützt wird. Man hat in der Beziehung zu sich und seiner Mimik und den Bewegungen oft einen blinden Fleck, bekommt nicht wirklich mit, was man macht, darum ist das Coaching so wichtig und so lange nötig, bis man all das selbst kann und spürt.

Aber nicht nur der Kopf und das Gesicht treffen Aussagen, sondern auch etliche andere Körperteile und Körperstellungen. Schulter, Hüfte, Beine, Becken, Füße können die Pferde weitgehend mit den eigenen entsprechenden Körperteilen gleichsetzen. Am wenigsten Signalsprache kommt in der Pferdesprache unseren Händen zu, da sie auch kaum ein Pendant beim Pferd haben. Das Pferd hat aus seiner Sicht und für seinen Gebrauch 4 Füße und keine Hände, keine Finger, kann keine Faust machen oder den Zeigefinger erheben.

Natürlich achten die Pferde auf unsere Hände, sie kennen sie ja aus dem Umgang mit uns. Sie lernen auch unsere Gesten mit den Fingern und Händen kennen und können diese einschätzen. Das ist dann Dressur oder Erziehung, hat so wie unsere menschlichen Worte, die ja auch verstanden werden, aber nichts mit Pferdesprache zu tun.

Man braucht die Hände auch nicht zum Sprechen, der Rest an Möglichkeiten ist vielfältig genug, um alles zu sagen, was wir wollen. Wenn die Hände schön zum Kraulen und Streicheln eingesetzt werden, so scheint das gut zu sein und wird gerne angenommen.

Beim Motiva kommen unsere Hände im Prinzip nur zum Einsatz, um das Motiva-Seil zu benutzen.

So wie man alle Bewegungen und Zeichen kennen und können muss, die mit dem Kopf ausgedrückt werden, so haben die Schultern auch ihre Bedeutung und Aufgabe. Manch einer mag es schon aus der Hilfengebung des Reitens kennen. Das Pferd richtet seine Schultern nach unseren aus, so kann man es stellen oder Bögen reiten. Das ist vom Boden aus genauso und man macht sich das zunutze, wenn man das Pferd beim Laufen nach innen stellen oder es wenden will. Jedenfalls achtet es darauf. Hat man zum Beispiel ein Pferd gestoppt und steht ihm gegenüber, ist ihm aber nicht zugewandt, dann kann man die Zuwendung herstellen, indem man sich zu ihm hindreht. Dabei ist sehr darauf zu achten, dass man die äußere Schulter nach vorne nimmt und nicht die innere nach hinten. Der Fuß, der näher beim Pferd steht, ist der Drehfuß. Für Pferde ist das nämlich ein großer Unterschied, weil man sich bei der einen Geste zurücknimmt und bei der anderen den Raum verkürzt und sich als groß darstellt. Meiner Erfahrung nach neigen fast alle Frauen dazu, instinktiv die Rückwärtsbewegung zu machen, wenn man nicht explizit darauf aufmerksam macht. Die Hinwendung zum Pferd muss also eine Vorwärtsbewegung sein.

Das Becken und die Hüften werden vom Pferd auch mit dem eigenen Hinterteil identifiziert. Mit einem Hüftschwung kann man deswegen das Tier angaloppieren, durch Abkippen des Beckens zum Untertreten ermuntern oder aber stoppen.

Im weitesten Sinn können wir mit unserem Becken ähnliche Aussagen treffen wie das Pferd mit seinem. Kippen wir unser Becken, weil wir unser Gewicht auf einen Fuß nehmen und stellen den anderen auf der Spitze ab, heißt das, wir denken über eine Verhaltensänderung nach. Pferde tun das im Motiva recht häufig, und verstehen uns genau, wenn wir das auch so machen. Obwohl wir Zweibeiner sind, können wir mit unseren Schritten und unserem Gang genügend verständliche Aussagen im Motiva treffen. Es wird sogar sehr viel im Schritt gesprochen, alles hat eine Bedeutung: das Gehtempo, die Schrittlänge, die Schrittrichtung, der Seitengang, das Überkreuzen und die Lauflinien, die wir innerhalb des Vierecks gehen. Natürlich werden die Gangunterschiede immer mit anderen Gesten wie Kopfhaltung, Schulter, Mimik und Atmung kombiniert, sodass aus dem Gesamtpaket dann die Vokabel, der Satz, die Aussage wird, die wir treffen wollen und die zum Pferd und seiner Stimmung passt.

Logischerweise ist auch hier viel praktisches Üben nötig, um Routine zu erwerben. Man wirkt erst redegewandt, wenn das richtig sitzt und spontan abrufbar ist, ohne überlegen zu müssen. Das sagte ich schon, und spätestens hier braucht man auch eine gewisse Kondition, da auch nicht alles nur in gemächlichem Tempo gesagt werden kann. Falls das Pferd schnell ist, läuft und wendet, ist das schon eine schö-

ne Herausforderung, da mitzuhalten und nicht sprachlos zu werden. Andererseits imponiert man ihm natürlich auch damit. Unsere Füße entsprechen den Hufen. So wird zum Beispiel ein Scharren mit dem Vorderhuf gemacht und ein angedeutetes Treten mit dem Hinterhuf. Wir haben nur 2 Füße, also nehmen wir diese beiden für Vorder- und Hinterhufe, und das geht. Das Pferd versteht uns, auch wenn wir nicht mit 4 Hufen aufwarten können. Ein kräftiger Stopp, bei dem wir unsere Hufe in die Erde rammen, wird genauso verstanden wie ein Scharren mit einem unserer Füße, um Unmut zu äußern oder zu markieren. Diese und viele anderen Gesten mit all ihren Kombinationen bedürfen einer guten, schnellen Körperwahrnehmung. Es ist gut, wenn man mit der Zeit keine unbewussten Bewegungen mehr macht und somit ein verstehender und verstandener Gesprächspartner wird.

In jedem Motiva-Seminar wird deswegen genügend Zeit eingeräumt, um die Körperbewegungen immer wieder kontrolliert zu üben; dazu braucht man Geduld mit sich selbst, weil es schwieriger ist, als man eigentlich denkt.

5.5 LEHRMITTEL UND HILFSMITTEL

Ein wichtiges Hilfsmittel, das zu jedem Motiva gebraucht wird, ist das Motiva-Seil. Ich lasse es eigens für uns in einer Seilerei herstellen. Es ist aus etwa 1,2 kg schwerem, weichem Material und ca. 6 m lang. Am Ende ist eine Schlinge eingespleißt, die groß genug ist, um schnell und bequem mit der Hand hineinzugreifen oder bei einem Handwechsel umzugreifen.

Man trägt dieses Seil in der Hand, die Schlinge zuerst, dann in 3 oder 4 Bögen den Rest des Seiles, sodass es sich leicht, ohne zu verheddern, abrollen kann, wenn man das Seil werfen will.

Dieses Seil ist ein Hilfsmittel wie ein verlängerter Arm und dient sowohl als Abstandshalter als auch als Hufersatz, Beschleuniger oder Stopper, je nach dem, wie man es einsetzt. *(Abb. 27)*

Dazu einige Beispiele:

Laufen zwei rivalisierende Pferde mitoder hintereinander, versucht meist das eine das andere irgendwie zu berühren, zu beißen, zu treten, zu rempeln, um seinen hohen Rang zu demonstrieren. Das Pferd, das berühren kann, ist gleichzeitig auch das, welches zuerst den Mindestabstand unterschritten hat und sich traute, so dicht heranzukommen. Damit zeigt es seine innere Haltung und Vorstellung, „ich darf in deinen Bereich eindringen, weil ich ranghöher bin als du. Ich darf auch zuerst anfassen, aus dem gleichen Grund." Wenn wir Menschen in dieses Ritual eingebunden sind, könnten wir uns aus gesundheitlichen Gründen nicht leisten, das zu tun, was das ranghohe Pferd tut. Wir müssen dem Tretbereich fern bleiben und uns schützen, indem wir nicht zu nahe an ein galoppierendes oder bockendes Pferd herantreten. Aus Sicht des Pferdes würde man also respektvoll Abstand halten und bestätigen, was es denkt. Das will man aber nicht bestätigen, also brauchen wir eine Lösung, auch in den Bereich des anderen zu kommen und anzufassen. Das geht si-

Abb.-Serie 27: Seilwurfübungen bei einem Motiva-Seminar.

cher mithilfe des Seiles. Man hat 6 m zur Verfügung, kann also locker 4 Meter weg sein und dennoch das Seil werfen oder mit dem Pferd in Kontakt bringen. Erfah-rungsgemäß übersetzen die Pferde die Be-rührung oder den Seilkontakt als Berüh-rung mit uns und daher hat sie eine gute Wirkung. Man ist nicht der Ängstliche, der

Abbildung 28: Das Seil gibt die Laufrichtung des Pferdes vor.

sich zurückhält, sondern man kann mit-halten, traut sich heran, ist auch schnell genug dafür, was das Pferd ja herausfinden wollte.

Es kommt auch vor, dass das Pferd über die Bestimmung des Lauftempos seinen Rang be-stätigen möchte. Das bedeutet, es läuft bewusst sehr langsam, und selbst wenn man hinter ihm geht und es beschleunigen möchte, wird es nicht schneller. Das ist in Herden ein häu-figes Ritual, um sich darzustellen. Der Schwa-che bleibt halt hinter dem anderen Pferd, das kampfbereit sein Kruppe in den Weg stellt, nach dem Motto: Versuch doch mal …

Ganz ohne Hilfsmittel ein Pferd, das nicht will, zum Laufen zu bewegen, ist oft ein hoffnungsloses Unterfangen, weil wir Menschen gegen 600 kg wenig zu setzen haben. Hier fungiert das Seil als Beschleu-niger, indem man es wie ein Mühlrad ne-ben sich dreht und es von hoch oben auf das Pferd fallen lässt, ähnlich wie die Hufe eines Pferdes, das hinter dem anderen ge-stiegen ist. Häufig reicht das, um das Pferd

zu überzeugen und es zu beschleunigen. Ansonsten gibt es noch Lauftechniken und Wegeführungen, um das Tempo herzustel-len und zu kontrollieren.

Ein Rangritual der Pferde ist auch das Ein-grenzen, was heißt, dass sie um das, „was ihnen gehört", einen Kreis ziehen, der wie eine Spirale bei jeder Umrundung etwas enger wird. Läuft man mit einem Pferd im Motiva-Viereck, ist es natürlich auch ver-lockend, dort den Menschen einzukreisen. Sobald es das versucht, muss der Versuch vereitelt werden, weil man 1. damit be-weist, dass man seine Sprache versteht und seine Absicht erkennt, und 2. man natür-lich nicht bereit ist, sich vereinnahmen zu lassen. Hier tut das Seil wieder gute Diens-te. Man kann entweder das Seil an den Bauch des Pferdes werfen, um es nach au-ßen zu schicken, oder aber auch, wenn es durch eine Kurve gelaufen ist, das Seil als Gasse an der Motiva-Viereckseite entlang werfen, damit es hinter der Grenze bleibt und nicht enger wird. In der Regel überschreiten oder überspringen die Pferde diese weiße Grenze nicht, deswegen kann man durch das Seil, das als lange weiße Linie auf der Erde liegt, eine Laufrichtung vorgeben. *(Abb. 28)*

Da sie das Seil respektieren und nicht einfach überspringen, kann man es auch einsetzen, falls ein Pferd nach einem Stopp schnell weglaufen will. Ist man schnell genug und wirft ihm das Seil vor die Füße, läuft es in der Regel nicht weiter, kann aber eventuell eine Hinterhandwende einsetzen und in die andere Richtung rennen wollen. Da muss man eben schnell sein und ruckzuck das Seil vorher dorthin schleudern, wohin das Pferd rennen wollte. Kann man es zum Stehen bringen, ist fast jedes Pferd beeindruckt, weil es genau das eben nicht kennt, dass Menschen diese Möglichkeit haben und ihm so ebenbürtig sind. Es geht ja in irgendeiner Form um ein Leistungsritual, ein Herausfinden, wer von beiden der Schnellere, Mutigere oder Geschicktere ist, um zu entscheiden, wem man vertraut und wer die Ansage macht.

Um mit dem Seil so umgehen zu können, muss man das Handling üben und üben. Es ist beim Motiva ein wichtiges Handwerkszeug, und sowohl das Werfen, Zielen, Treffen als auch das Aufwickeln ohne hinzuschauen und das Gassewerfen sind nicht so leicht, zumal man es tun muss, während man läuft, auf das Pferd achtet und den Abstand nicht vergessen darf. Am Anfang ist das wirklich schwierig, und damit kein Unfall geschieht und man gewissermaßen entspannt üben kann, habe ich das „Stangenpferd" erfunden: Zwei Menschen stehen hintereinander und tragen in den rechten und linken Händen jeweils eine gemeinsame Stange, so haben sie zusammen eine Länge wie etwa der Pferdekörper, können auch laufen, sich drehen und abwenden, also alles tun, was ein Pferd machen würde. Der lernende Mensch kann mit diesem Modell sowohl seine Abstandswahrnehmung schulen und Übungen absolvieren, als auch die Laufrichtung und Geschwindigkeiten ausprobieren, ohne dass er Gefahr läuft, getreten zu werden, weil er zu dicht kam. Ein weiterer Vorteil ist, dass dieses simulierte „Pferd" ja Menschensprache spricht, und man so zeitnah erfahren kann, wie das Laufen oder Tun gewirkt hat. *(Abb. 29)*

Abbildung 29: Teilnehmer eines Motiva-Kurses bei Übungen mit Seil und Stangenpferd.

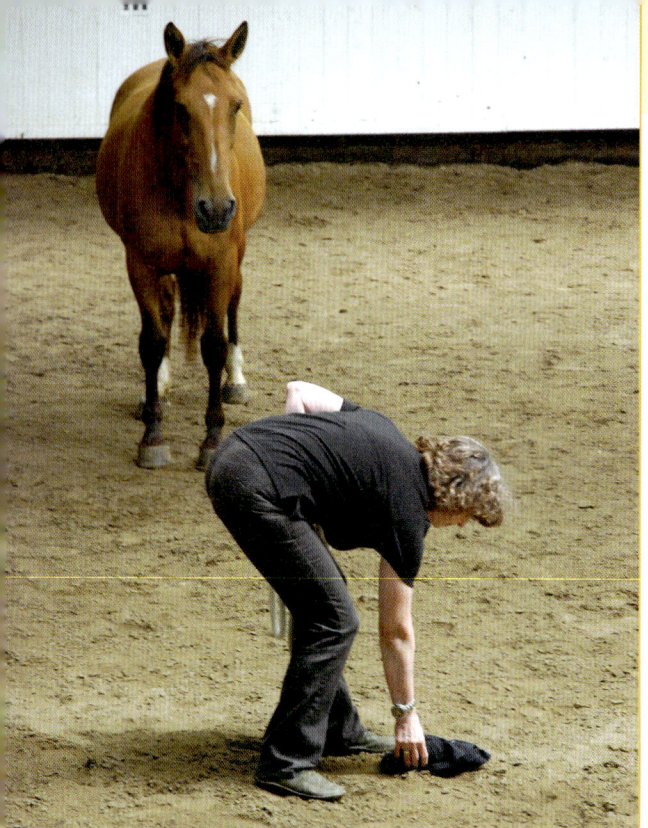

Abbildung 30: Freya beobachtet das „Markieren" des Hallenbodens durch einen Baumwollknoten.

Diese Erfahrung hilft sowohl dem „Läufer", weil er von den beiden anderen erfahren kann, wie sie ihn empfunden haben, ob er kraftvoll, hektisch oder souverän gewirkt hat, wann er zu dicht gewesen wäre, wann das „Pferd" beeindruckt war. Und die beiden, die das Pferd simulieren, spüren hautnah, wie sich das für das Pferd angefühlt hätte, wann oder ob sie Ärger empfunden haben, oder ob sie sich dem Menschen unterordnen würden.

Dieser Erfahrungsaustausch ist immer sehr hilfreich und bringt einen guten Lerneffekt für alle. Wie beim pädagogischen Rollenspiel, in dem man auch durch einen Rollentausch Erkenntnisse gewinnt, ist dieser auch hierbei für das gegenseitige Verständnis von großer Bedeutung.

Die beiden Personen, die gerade Stangenpferd sind, nehmen die menschliche Aktion aus der Pferdeperspektive wahr und können sich aufgrund dessen besser in die Lage des Pferdes hineinversetzen. Je mehr man von dem gesamten Vorgang versteht, je besser man sich den Hergang und die Folgen vorstellen kann, umso mehr Verständnis entwickelt man für den Ablauf und dadurch auch für das Pferd und seine Reaktion.

Dem Austausch dieser Erfahrung auf beiden Seiten, der des Menschen und der des Pferdes, widme ich viel Zeit und Raum, weil das Verstehen die Grundlage der sinnvollen und daher richtigen Umsetzung ist.

Das dritte und auch letzte Hilfsmittel sind die geknoteten Baumwollklumpen, die jede/r Teilnehmer/in selbst mitbringen muss, und die auch nach ihm/ihr riechen sollen. Also nichts frisch Gewaschenes, das nach Weichspüler duftet, sondern es hat sich bewährt, ein T-Shirt, das man getragen hat oder ein Handtuch, das die Nacht mit im Bett verbracht hat, zu verwenden. Wie jeder das macht, bleibt dem Einzelnen überlassen. Wichtig ist, dass das Pferd den Geruch eindeutig mit seinem Menschen in Zusammenhang bringen soll, daher darf es kein neutraler Geruch sein. *(Abb. 30)*

Jedes Pferd verhält sich unterschiedlich in den Motiva-Begegnungen. Es gibt welche, die fast nur auf das Markieren setzen, was bedeutet, dass sie kaum nach dem Betreten der Halle schon das erste Mal koten. Dann wird der Mensch angeschaut, - versteht er, was ich meine, wie reagiert er, reagiert er überhaupt? –

Pferde, denen das Markieren sehr wichtig ist, nehmen die Handlung auch wichtig, schauen ihren Haufen noch einmal ausgiebig an und bewerten mit der Nase den Erfolg, um anschließend gemächlich wegzuschreiten. Wenn Pferde einfach nur „müssen", koten sie und gehen unbeteiligt nach vorne weg. Solch ein Haufen hat auch ein entsprechendes Volumen, passend zu dem speziellen Pferd. Beim Markieren können es einige wenige Äpfel sein, die auf jeden Fall gründlich beschnuppert und bewertet werden.

Geht der Mensch dann hin, wie es in der Herde ein anderes Pferd auch tun würde, schaut auch, markiert mit seinem Baumwollklumpen den Kothaufen und schreitet wieder weg, dann geht das Pferd wieder zurück und prüft, was man da gemacht/gesagt hat. Es erkennt am Geruch, dass es ein Darübermarkieren ist, und entscheidet nun über sein weiteres Vorgehen. In der Natur gilt, wer zuletzt markiert, ist der Sieger. Meist wird nicht der gleiche Kothaufen noch einmal markiert, sondern ein neuer gesetzt. Wenn das Pferd gerade nicht äpfeln kann, dann geht oder läuft es kurz umher und versucht, sobald wie möglich einen zweiten Haufen zu setzen. Das Ritual wiederholt sich, der Mensch markiert wieder darüber und so geht es weiter, bis der zuletzt Markierende ermittelt ist. Ich habe schon erlebt, dass ein Pferd sechsmal in 20 Minuten koten konnte, immer sparsam wenige kleine Ballen herausdrückte und so lange mit einer „Portion" auskam. Kann der Mensch das überbieten, hat er also 7 „Kothaufen" mitgebracht, dann wäre er der Sieger. Nicht selten schnauben die Pferde dann irgendwann ab, finden das super und schließen sich dem Menschen an, bleiben respektvoll in seiner Nähe und sagen auf ihre Weise aus, das hast du gut gemacht, ich unterwerfe mich, du konntest das besser. Es gibt, wie gesagt keinen Erfolgsneid bei Pferden, sondern es geht darum, den Besseren zu finden, der dann automatisch das Sagen hat und die Pflichten der Führung übernimmt, und der wäre ja durch das Wettmarkieren ermittelt.

Natürlich kommt es auch gleichermaßen vor, dass ein Pferd nur einmal markiert, der Mensch das mit seinem Baumwollklumpen beantwortet, und dann entscheidet sich das Pferd für ein anderes Ritual, zum Beispiel Eingrenzen oder Wälzen. Das macht nichts, man geht einfach auf alles ein und wird zum Schluss der Sieger der Debatte. Das Markieren, wie auch jede andere Vokabel, muss man nicht nur als Antwort oder Reaktion auf die Ansage des Pferdes bringen, sondern es ist oft eindrucksvoll, gerade wenn man sein Pferd kennt, selbst die Initiative zu ergreifen und zuerst zu markieren. Es ist geschickt, nicht nur als Reaktion auf die Ansage irgendetwas zu tun, sondern eigene Ideen lustvoll ins Spiel zu bringen. Das macht den Dialog lebendiger und natürlicher und beeindruckt natürlich auch, weil der Ranghohe ja weiß, was er will und das auch mitteilt.

6. ERFAHRUNGEN MIT PFERD

6. ERFAHRUNGEN MIT PFERD

Natürlich gehören die Erfahrungen mit dem Pferd zum Spannendsten aus der Motiva-Lehre. Da sich alle Begegnungen mit Pferden voneinander unterscheiden, könnte ich alleine mit diesem Thema viele Bücher füllen.

Als ich vor 20 Jahren anfing, das Kommunikationssystem der Pferde zu erforschen, hätte ich mir nicht träumen lassen, was sich da alles entdecken und erleben lässt. Ich erinnere mich noch gut, wie ich eine Stute „probehalber" auf der Wiese gestoppt habe und dass wir beide ziemlich verblüfft waren, dass das funktionierte. Da standen wir beide nun, keiner bewegte sich, und mir schoss damals durch den Kopf, „Wie geht es jetzt weiter, was bedeutet das für sie, was denkt sie jetzt über mich, wie kann ich sie wieder bewegen?" Nach gefühlten 10 Minuten bewegten wir uns dann irgendwie und ich ging erst einmal ins Haus, setzte mich hin und dachte nach. Das war mein Einstieg in die Materie und seit damals habe ich sehr viele Pferde gestoppt und wieder bewegt und ein sehr großes Gesprächsrepertoire entwickelt. Ich hatte mir zu diesem Zeitpunkt nicht vorstellen können, was ich alles herausfinden würde, und freue mich nun sehr, nach so vielen Jahren auf mein Lebenswerk zu blicken.

6.1 MENSCH UND PFERD

Ich habe nicht vergessen, wie sich meine ersten Erfahrungen anfühlten, und kann mich gut in SeminarteilnehmerInnen versetzen, die jetzt im Motiva-Kurs zum ersten Mal dem Pferd gegenüber stehen und reden wollen oder sollen. Da können einem schon einmal die Worte fehlen oder es verschlägt einem die Sprache. Das ist dann ein guter Zeitpunkt, um zu fühlen und hinzuschauen.

Für das Pferd ist das kein Problem, solange diese Aktion ehrlich abläuft und nicht so getan wird als ob.

In dieser Lehrsituation nimmt man sich erst einmal die Zeit zu spüren, was in einem vorgeht, wovor man Bedenken hat, warum der Kopf leer ist, und hat zeitgleich vor Augen, dass es dem Pferd nicht so geht. Es wird vermutlich „Zeitung lesen", das heißt, es scannt den Hallenboden ab, riecht, wer da war, und hat zu tun. Es setzt nicht voraus, dass jetzt mit ihm geredet wird. Dennoch spricht es.

Manche Pferde wollen sich auch gleich bewegen und rennen los, andere möchten sich sofort wälzen.

Ich erinnere noch einmal an die erste wichtige Erkenntnis: Alles, was das Pferd jetzt tut, spricht das Pferd; es teilt sich dem Menschen mit. Der erste Schritt für den Seminarteilnehmer ist jetzt, nicht zu denken, das Pferd macht etwas, sondern das Pferd sagt etwas und was sagt es denn?

Meist bezieht sich alles, was es jetzt tun/sagen wird, auf die Darstellung seines Ranges und die Neugier, wissen zu wollen, wo es in der Zweierkombination steht, vorne oder hinten, denn danach richtet sich ja alles, was jetzt noch zusammen erlebt wird. Es gibt eine Ausnahme, das sind die Pferde, die gar nicht in der Reithalle sein wollen, wiehern, hin und her rennen, weil sie Stress mit dem Raum haben, oder weil sie zurück zu ihren Freunden wollen. Dieses Verhalten gilt nicht in erster Linie dem Menschen, der dort steht, sie wollen einfach weg und jeder Weg wäre recht. Sie achten dann nicht auf den Menschen sndern versuchen, einen Ausweg zu finden, der Situation zu entkommen. Sie wiehern laut und lauschen, ob jemand antwortet, und man ist als Person völlig unwichtig für sie. In solch einem Fall ist ein Schüler überfordert. Hier muss man sehr kompetent und sicher auftreten und dem Pferd die Angst oder den Stress nehmen und eine Alternative für das Weglaufen herstellen. Das geht, aber als Schulungssituation für Einsteiger eignet sich das nicht.

Wir beschäftigen uns wieder mit dem Pferd, das mit dem Menschen reden will. Der kann gerade nicht so recht denken und merkt, ich habe Herzklopfen, bin aufgeregt, weiß nicht was ich machen soll. In der Lehrsituation gibt es deswegen keinen Stress. Ich bin dabei, lasse ihn erst einmal einen Moment schauen und übersetze für ihn, was sein Pferd denn gerade sagt. Es schnuppert am Hallenboden und bei genauem Hinsehen merken wir, es schaut dabei aus dem Augenwinkel, ob der Mensch das wahrnimmt. Es sagt gerade sinngemäß, *du interessierst mich nicht, ich bin voll auf Sendung, habe zu tun, ist da überhaupt irgendwer?* Es weiß, der Mensch sieht hin, und wenn er reden will, sollte er jetzt reagieren. Jedes Pferd täte das auch.

Wenn man jetzt nichts macht, gar nichts, nur denkt, „oh je, ich weiß jetzt auch nicht", wird das Pferd die nächste Aussage treffen, um eine Reaktion zu provozieren, zum Beispiel geht es sich wälzen. Es fordert mit einer stärkeren Aussage den Menschen zum Handeln heraus. Spätestens jetzt will man sich ja nicht nur als unsicherer Kandidat zeigen, und was ich dann empfehle, ist, das Pferd mit einem Seilwurf am Hinlegen zu hindern, sobald die Absicht, sich zu wälzen, ganz deutlich ist. Daran sieht es, man hat Ahnung von dem Ritual und verhindert es deswegen. Manche Pferde laufen dann bockend weg, andere gehen ruhig von dannen und versuchen das Wälzen woanders, oder sie setzen einen Kothaufen ab und schauen den Menschen an, als wollten sie sagen: *Na was sagst du jetzt. Ich kann auch anders.*

Das ist der Zeitpunkt, wo der Baumwollklumpen ins Spiel kommt. Der Seminarschüler geht ruhig hin, schaut auf den Apfelhaufen, markiert mit seinem Fuß daneben und legt dann ruhig seinen Klumpen darauf, schnaubt ab und verlässt die Stelle. Fast immer schauen die Pferde sofort nach, was man da gesagt hat. Da kein Pferd sprachlos gemacht werden kann, kommt die Revanche jetzt entweder mit dem nächsten Koten, oder, wenn das nicht geht, weil es gerade nicht kann, dann versucht es noch einmal, sich zu wälzen oder beginnt mit dem Einkreisen. Das weiß man nicht im Voraus und bleibt immer abzuwarten. Bis jetzt war die ganze Unterhaltung recht ruhig und der noch ungeübte Schüler ist wahrscheinlich nicht mehr ganz so aufgeregt und wird munterer. Bisher war es körperlich nicht anstrengend, im Motiva-

Viereck zu sein, und deshalb kann jetzt der Anspruch gesteigert werden.

Das ist möglicherweise der Zeitpunkt, wo nicht nur auf das Pferd reagiert wird, sondern eigene Behauptungen aufgestellt werden, die das Tier dann beantworten soll.

Dazu schickt man es mit dem Seil erst einmal einfach weg, wobei man die Laufrichtung und das Tempo bestimmt. Läuft man hinter dem Pferd, simuliert das am stärksten den Leithengst einer Herde, der das Pferd von hinten treibt. Das schafft man nur kurz, weil schon ein kurzes Angaloppieren des Pferdes einen großen Abstand herstellt und man nicht mehr „hinter" dem Pferd ist. In einem Viereck ist das Tier schnell um die nächste Ecke und in dem Augenblick läuft man in unterschiedliche Himmelsrichtungen. Das realisieren Menschen meist nicht, weil man in der Vorstellung ja „hinter dem Pferd" ist, aus dessen Sicht aber rennt man getrennte Wege.

Zeichnen Sie sich ein Viereck mit den Buchstaben A;B;C;D; an den Ecken. Das Pferd läuft von D zu C, der Mensch hinterher, danach biegt das Pferd um die Ecke und läuft von C zu B. Der Mensch ist noch auf dem Weg D zu C. In dem Moment geht man in verschiedene Himmelsrichtungen. Man ist aus Sicht des Pferdes nicht mehr in derselben Richtung unterwegs.

Das wurde vorher in der Theorie am Tisch mit 2 Figuren gelehrt und auch mit dem Stangenpferd geprobt. Daher versteht der Schüler das sofort, wenn ich jetzt eingreife und ihn auffordere, den Weg abzukürzen. Das Pferd hat schnell 2 Seiten des Vierecks überwunden und deswegen läuft man schräg auf seine Kruppe zu. Durch das Abkürzen glaubt das Pferd, dass wir gleich schnell sind, weil man aus seiner Sicht

beim Wettrennen Schritt halten kann. Daraus soll kein langes Hetzen werden. Man beendet diese Aktion durch einen Stopp.

Dazu sucht man sich zu Anfang am besten eine Ecke des Vierecks aus, läuft darauf zu und springt in den Stopp hinein, indem man mit beiden Füßen und abgekipptem Becken kraftvoll landet. Es ist genau auf den Abstand zu achten und Stoppen darf in keinem Fall im Tretbereich stattfinden. Dieses wurde vorher mit dem Stangenpferd gründlich geübt, denn durch die Geschwindigkeit ist man schnell zu dicht. Körperlich kann man jetzt meist einen Moment ausruhen, mental muss man aber sehr konzentriert sein und darauf achten, was das Pferd nun antwortet. Das ist gerade nach dem Stopp sehr vielseitig. Alles, von beeindrucktem Stehenbleiben und Zuwenden bis Weglaufen, kann angeboten werden, und auf jede einzelne Aktion muss man adäquat antworten, um den Dialog gut weiterzuführen oder abzuschließen.

Je nach Verhalten des Pferdes geht es jetzt weiter. Wendet das Pferd sich dem Menschen zu, indem es durch eine Vorhandwende die Kruppe wegdreht, kann man das als Teilsieg werten. Es bedeutet, *ich will mich nicht mit dir treten*. Es bedeutet noch nicht zwingend, den Rang erwirtschaftet zu haben, sondern eher eine Pattsituation. So etwas wie Gleichstand, keiner tut keinem etwas. Weil es uns aber zu wenig ist, kann man jetzt entweder das Treiben mit Stoppen eine Runde wiederholen und beim Stopp prusten, um dem Ganzen noch mehr Gewicht zu verleihen, oder ein anderes Ritual wählen.

In diesem Falle rate ich zur Wiederholung mit Prusten und schaue, wie das Pferd jetzt antwortet. Im günstigsten Fall bleibt es stehen und die Passage endet mit einer Hinterhandwendung, indem die Vorderhufe zum Inneren des Vierecks gedreht werden. Das darf man mit Kooperationswillen und Unterwürfigkeit übersetzen und somit wäre dann das Motiva zu Gunsten des Menschen ausgegangen. Dieser sollte nun zum Pferd gehen und sich Zeit für freundschaftliche Gesten nehmen; sei es Kraulen oder mit dem Pferd gemeinsam gehen, alles, was jetzt die angebotene Kooperation stärkt, ist richtig.

Bleibt das Pferd aber bei seiner Vorhandwendung und prustet zurück, widerspricht also dem Führungsanspruch des Menschen, dann kann man das auch noch ein drittes und viertes Mal wiederholen, manchmal ändert man durch die Wiederholung aber nichts. Dann ist es zum Beispiel sinnvoll, das Pferd zu schicken und dann in vollem Galopp zu ignorieren, indem man sich einfach abwendet und das Pferd keines Blickes mehr würdigt. Man beschäftigt sich dann auffällig mit anderen Dingen im Viereck und kann zum Beispiel kleine Tretlöcher im Hallenboden mit den Füßen schließen, die bei den Galoppaden entstanden sind, oder einfach vor sich hin gehen. Damit zeigt man seine Überlegenheit und Unabhängigkeit an, das ist besser als verbissen zu versuchen, das Pferd zu einer Zusage zu zwingen. Es soll diese ja freiwillig geben, und wenn ich zeige, ich habe Zeit und Ruhe, mir ist alles recht, bewegt dies das Tier am ehesten zu schauen, mit wem habe ich es denn da zu tun. Man nimmt ihm ein wenig den Wind aus den Segeln, es soll ja nicht in einen gefährlichen Machtkampf ausarten. Wie in der menschlichen Kommunikation schadet es nichts, noch einmal „runter zu kommen"

und nachzudenken, was das Ziel der Debatte ist.

Manchmal will das Pferd zu solch einem Zeitpunkt weg und ist nicht motiviert, mit diesem Menschen etwas zu klären. Dann selbst der Gelassene und Geduldige zu sein, der sich in dem Territorium wohlfühlt, hilft dem Pferd oft, dort anzudocken und sich auf die Verbindung mit dem Menschen einzulassen. Zeigt es das durch Hinschauen oder auf den Menschen zukommen an, oder bietet es jetzt von sich aus ein weiteres Ritual an, klärt man mit ihm noch einmal die Lage. Sobald man nun die Anerkennung erreicht, beendet man genau wie bei der Variante vorher und lässt den Freundschaftsbezeugungen freien Lauf.

Wenn nicht, klärt man weiter, solange, bis man zu dem Ergebnis kommt, das man erreichen will.

Ich habe mir schon bei recht hartnäckigen Vertretern ein Buch mitgebracht, mich in der Reithalle auf eine Tonne gesetzt und gelesen, während das Pferd weg wollte und mich ignorierte. Es dauerte eine Weile, aber irgendwann ist der Sog, nicht alleine sein zu wollen, reden zu können, verstanden zu werden, größer als der Wille, sich zu entziehen, und spätestens dann steigt man mit den Motiva-Ritualen ein und bekommt ein gutes Arbeitsergebnis. Dazu sind natürlich neben dem Fachwissen Geduld und Zeit eine Grundvoraussetzung.

Der Schüler, der inzwischen sein Pferd gekrault hat und auf und ab gegangen ist, kann ihm jetzt wieder das Halfter anziehen und das Tier hinaus bringen. Wenn dazu die Zeit ist, ist es schön, jetzt zu reiten oder noch etwas mit dem Tier zu machen, was gerade passt. Wenn das nicht geht, bringt man es in seine Herde zurück. Oft beobachte ich dann, dass die Pferde noch ein Weile recht versonnen da stehen, ehe sie ihr normales Herdenleben wieder aufnehmen. Man könnte meinen, sie denken noch nach, verarbeiten noch ihre Eindrücke.

Mit jedem Schüler und jedem Pferd geht das Lernprogramm ähnlich vor sich, natürlich inhaltlich angepasst an die zwei Personen, um die es sich handelt. Die Eindrücke aller Seminarteilnehmer werden anschließend im Seminarraum besprochen und alle Fragen geklärt. Es folgt sowohl ein Feedback als auch ein Vorschlag für die weitere Vorgehensweise speziell mit diesem Pferd, da man ja dessen Aussagen noch im Sinn und seine Strategien kennen gelernt hat.

Mit diesem Wissen und Lernerfolg startet man dann in den nächsten Schulungstag.

Wenn ich Seminarteilnehmer im Motiva begleite und anleite, betrachte ich mich als eine Art Mediator, Vermittler zwischen Mensch und Pferd. Immer wieder erlebe ich, dass Menschen sich nicht vorstellen, dass ihr Pferd sie auch als ihresgleichen sieht und dadurch auch so behandelt. In ihren Rangordnungsauseinandersetzungen wird getreten, gebockt, gebissen, das ist normal.

Wenn ich behaupte, ich bin jetzt auch Pferd, weil ich ja das Leittier werden will, und diese Absicht auch glaubhaft vermittele, dann steht dem Pferd nichts im Wege, mit harten Bandagen zu kämpfen. Wenn es uns ernst nimmt, uns als seinesgleichen und Bewerber für den Leitposten ansieht, dann gehört unter Umständen auch ein ordentlicher Kampf dazu. Jeder soll ja seine Stärke zeigen und sich an dem anderen messen. *(Abb. 31)*

Mir sagte eine Teilnehmerin einmal: „Mein Pferd würde nie nach mir treten." Das kann sein, solange sie als *Mensch* mit ihrem Pferd umgeht. Stellt sie sich als seinesgleichen dar, spricht aus Sicht des Pferdes nichts dagegen, auch die Hufe einzusetzen. Das unterscheidet das Motiva von anderen Arten der Bodenarbeit, die das Pferd nicht wirklich als seine Sprache versteht und deswegen nur als eine andere Form einer menschlichen Schulung begreift. Dabei tritt es möglicherweise nicht, weil seine Erziehung das verbietet.

Im Motiva sind die Pferde ohne Strick oder Halfter, frei wie ein Wildpferd und dürfen alles. Der Anspruch, ein Rangordnungsritual inklusive menschlicher Tabus (man tritt nicht gegen Menschen) auszutragen, ist sicher zu hoch und wäre unlogisch.

Ich betone noch einmal sehr eindringlich: Im Motiva verhalten sich die Pferde uns gegenüber wie anderen Pferden gegenüber, weil das unser Ziel ist, als Pferd mit Pferden zu reden. Das tun sie und unterscheiden dabei nicht zwischen Mensch und Pferd. Sie bedenken nicht, unsere 60 kg in Relation zu ihren 500 kg zu setzen und behutsam mit uns umzugehen. Sie leben mit uns ihre Natur aus und sprechen als Pferd zu Pferden.

Niemand kann das alleine ohne entsprechende Schulung leisten.

Das wäre gefährlich, weil wir vom Pferd als „Verhandlungspartner" ernst genommen werden.

Wer alleine mit seinem Pferd Bodenarbeit machen will, kann das durchaus nach den üblichen Methoden im Roundpen tun. Das ist leicht zu lernen und einfach für jeden umzusetzen. Man braucht dazu praktisch keine Vokabeln zu können und ist immer

Abbildung 31: Stoppen der 2-jährigen Tinkerstute Manati aus dem Galopp.

weit weg vom Pferd. Das Pferd hat ja auch nicht die freie Wahl, zu tun was es will, und ist von daher besser kontrollierbar.

Nicht umsonst stehe ich bei allen ersten Motiva-Trainingseinheiten von Anfang bis Ende dabei und leite, wenn es gebraucht wird, jeden Schritt an, bis er verstanden und gekonnt wird. Motiva eignet sich für Menschen, die neugierig bis wissbegierig sind, viel über ihr Pferd oder Pferde im Allgemeinen erfahren wollen, und die sich nicht scheuen, Neues zu erlernen und geduldig zu üben. Im Gegenzug eignet es sich nicht für Selbstdarsteller, Leute, die nur das Pferd dominieren wollen, ein schnelles Training suchen, die glauben, schon alles zu können und Warnungen und Hinweise von mir nicht ernst nehmen. Dafür birgt das Motiva zu viele Gefahren und führt in diesen Fällen sowieso nicht zum erwünschten Erfolg.

6.2 PFERDE UNTER SICH

Um die Vielfalt der Pferdesprache besser erfassen und begreifen zu können, gehört in meine Seminare auch grundsätzlich die Beobachtung und das Studium der Pferde, wenn sie unter sich sind. Jeder Besucher kann auf unserem Hof erleben, wie Pferde miteinander umgehen, wenn er sie in ihren Ausläufen beobachtet. Wenn man „Pech" hat, geschieht dort gerade wenig, weil jeder seine Position kennt und viele dösen oder fressen, und es gibt nur für Kenner dennoch viel zu sehen. Die sehr feinen Gesten fallen dem Anfänger gar nicht auf.

Wir bringen zum Studium eine Herde oder einen Teil davon in die Reithalle, um sie von der Tribüne aus in aller Ruhe anzuschauen und ihre Kommunikation zu beobachten. Alle Pferde betreten in dem Fall einen neutralen Boden und neues Territorium. Das gilt es aus ihrer Sicht in Beschlag zu nehmen, zu erkunden und sich darin darzustellen. Deswegen gibt es so viel mehr zu sehen als in der Alltagssituation im Gehege. Die theoretisch von mir beschriebenen Verhaltensweisen lassen sich hier sehr schön erkennen und beweisen.

Jedes Pferd hat sich durch seine Aufzucht und Charakterstruktur seine Prioritäten geschaffen, die es zur Klärung der Rangordnung zuerst oder am liebsten einsetzt. Da gibt es die Wälzer, die dieser Aussage die stärkste Energie unterstellen. Sie kommen in die Halle, liegen schon nach den ersten Metern auf dem Boden und rollen sich hin und her. Dabei beobachten sie, ob sie beobachtet werden und von wem. Zeitgleich merken sie sich, wer von den anderen sich wo wälzt und bewerten, ob derjenige dieses Recht hat oder nicht. Falls

nicht, wird unmittelbar nach dem Aufstehen die andere Stelle abgerochen und häufig darüber gewälzt, das heißt, auch darüber markiert.

Dann gibt es auch die Pferde, die, weil sie diese Regel beachten wollen, sich geflissentlich nicht wälzen, ehe der erlaubte Zeitpunkt gekommen ist. Es wird also gewartet, wann wer fertig ist und dann nach einer geeigneten Stelle Ausschau gehalten. Ist diese ausgemacht und das Pferd gerade dabei, mit dem Huf zu markieren und kurz vor dem Ablegen, kann durchaus ein ranghöheres Tier die Situation nutzen, dieses Pferd verjagen und am Wälzen, sprich Markieren, hindern. Damit stellt es noch einmal deutlich seine Macht heraus und weist das zweite in die Schranken. Dieses geht weg und versucht entweder sein Glück an einer anderen Stelle, zu einem anderen Zeitpunkt oder an diesem Tag gar nicht mehr. Das ist unterschiedlich.

Jedenfalls kann man beobachten, welch wichtige Position das Wälzen im Rangordnungsritual hat. Das lässt sich niemand nehmen. Fazit für die Teilnehmer: Es ist nicht nur lustig, wenn ein Pferd sich neben einem wälzt und heißt auch nicht, dass es großes Vertrauen zu dem Menschen hat. Mit dieser irrigen Meinung kommt manch einer in das Seminar und kann hier eines Besseren belehrt werden. Diese Darstellung der Pferde ist auch so eindrücklich, dass man das so leicht nicht mehr vergisst. Es gibt einen dreijährigen Minishetlandhengst auf dem Hof, den kleinen Kilowatt, er ist nur 89 cm groß, und mit seinen 90 kg fühlt er sich als der Größte. Wenn er die Halle betritt, kommt man kaum dazu, das

Halfter auszuziehen, schon wirft er sich zu Boden, rollt sich hin und her, steht auf, bleibt beim Gehen schon fast in Bodennähe, lässt sich wieder fallen, rollt und reibt sich und weiter, hoch, runter, rollen, wälzen, reiben. Wo er war, ist der Hallenboden wie mit einer Walze geglättet. Er wälzt sich sicher zehnmal in dieser Weise, bis er sich die Zeit nimmt, auch einmal etwas anderes zu machen, wild bockend durch die Reithalle zu rasen und mit Freunden zu rangeln. So extrem kenne ich es von keinem anderen Pferd. Während die einen noch damit beschäftigt sind, beginnt meist irgendein anderer ein wildes Spiel und dann wird zusammen gelaufen, gequietscht und gebockt, sich angestiegen, alles, was Spaß macht. Nach einer Weile kommt wieder Ruhe auf und meist kotet jetzt irgendein Pferd. Das wird sofort registriert und es dauert manchmal keine Minute, ehe der Nächste das überbietet. Es kann so gehen, dass zum Schluss in kurzen Zeitabständen jeder geäpfelt hat. Wenn gar nichts geht, weil man vielleicht gerade vorher schon einen Haufen gesetzt hatte, kann alternativ auch darüber uriniert werden. Auch so findet man seine Bewunderer.

Zum Markieren über Koten ist grundsätzlich noch Folgendes zu sagen: Innerhalb einer Herde beziehungsweise eines Rangordnungsrituals können bestimmte Aussagen durch den Stärkeren unterbunden werden. Zum Beispiel kann das Wälzen verhindert werden, wenn man denjenigen, der sich ablegen will, dabei stört und verjagt. Das kann jungen oder rangniedrigen Tieren leicht passieren. Koten hingegen kann der Rivale nicht verhindern, weshalb dies oft von Schwächeren oder Jüngeren erfolgreich eingesetzt wird. Wenn sie das

tun, kann das andere Pferd nur hinschauen und versuchen, darüber zu markieren. Einschränken kann es das mit seinen Möglichkeiten nicht.

In den gemischten Herden verhalten sich die Stuten anders als die Wallache oder Hengste. Sie beobachten teilweise, was die „Männer" machen und sind insgesamt ruhiger. Sind sie mit einem der Jungs liiert, dann achtet der bei seinen Aktionen darauf, dass die „Dame" nicht zu kurz kommt, er stellt sich dar, ist dann aber auch wieder an ihrer Seite, was eine andere Art der Darstellung ist.

In der Shettyherde lebt eine Welshcob-Ponystute, Nebelhorn. Einer der jungen Minishettys mit Namen Fiete hat sie erobert. Er weicht nicht von ihrer Seite, behauptet sich allen größeren Wallachen gegenüber, die locker das Doppelte auf die Waage bringen und 20 cm größer sind. Das ist ihm egal. Er ist wie ein Schatten bei ihr und geht selbstbewusst umher. Für uns ist es ein lustiges Bild, weil die beiden mit ihrem Größenverhältnis gar nicht zusammenpassen. Das sieht er anders. Durch seine innerliche Größe macht er den äußerlichen Größenunterschied locker wett. (Abb. 32)

Beim Beobachten dieser Herden kann ich den Seminarteilnehmern auch die Geste zeigen, wie Pferde sich mit einer bestimmten kurzen Kopfbewegung von vorne wegschicken. Das ist wichtig zu erkennen, weil es auch bei den Motiva-Dialogen von Mensch und Pferd nicht selten eingesetzt wird. Je öfter man das live gesehen hat, desto leichter fällt es dann, die Bewegung nachzuahmen.

Dabei lernt man auch, dass wenn ein Pferd von vorne weggeschickt wurde und auch geht, man nicht hinterhergehen darf, das

Abbildung 32: Nebelhorn und Fiete.

Sieger weiß, dass er es ist, wie er sich dann verhält, all das wird einem leibhaftig vorgeführt. Niemand ist da ein besserer Lehrer als die Pferde selbst, weil sie die Muttersprachler sind und ich in dem Fall die Simultanübersetzerin darstelle, damit der Lerneffekt bei den Zuschauern so groß wie möglich ist.

In den Nachbesprechungen zeigt sich immer wieder, dass es für den Motiva-Anfänger sehr schwer ist, all das zu sehen, was ich sehe. Pferde haben schon durch ihre Augenstellung einen größeren Gesichtskreis als wir. Uns Menschen geht es leicht so, dass wir, während wir auf etwas Bestimmtes schauen, das Bild daneben nicht sehen. Deswegen sagt man auch, dass einem, wenn man den gleichen Film zweimal sieht, mehr Dinge auffallen als beim ersten Mal. Zum Glück verbessert sich das durch eifriges Üben. Auch wenn man weiß, worauf man jetzt wahrscheinlich achten muss, weil man mit bestimmten Gesten rechnen kann, ist man achtsamer und zudem werden das Auge und die anderen Sinne der Wahrnehmung im Laufe der Zeit geschult. Ich vergleiche das manchmal mit Schwimmen. Wenn ein Mensch schwimmen kann und weiß, dass er es kann, dann geht er im Wasser nicht unter, egal welche Bewegungen er macht. Er kann auf dem Rücken liegen, kraulen, paddeln wie ein Hund, irgendwie ein wenig strampeln, alles hält ihn stressfrei über Wasser. Ein Nichtschwimmer, der weiß, dass er nicht schwimmen kann, geht mit den gleichen Bewegungen, die den Schwimmer einfach schwimmen lassen, unter. Warum ist das so? Was macht unser Gehirn da mit uns und unseren Vor-

wäre ein Fehler. Der Sieger wendet in dem Fall souverän ab und kümmert sich erst einmal nicht um den anderen. Er hat ja gewonnen – fertig. So handhabt man es als Mensch im Motiva dann auch.

Auch ein bestimmtes Schweifschlagen kann man beobachten, um es dann mit dem Motiva-Seil bei Bedarf zu imitieren, sowie das Kopfwiegen, das wir auch im Dialog gebrauchen.

So zeigen die Pferde uns sehr exakt ihre Gesten, und wir können diese verinnerlichen. Unabhängig davon erfährt man aber auch viel über die Gestenabfolge und deren Kombination innerhalb der Dialoge. Wie und wann ein Pferd einem anderen antwortet, wer sich einmischt, wann der stellungen? Wie ist dieses Phänomen, das jeder kennt, möglich?

Jedenfalls ist es beim Motiva auch so. Wer es kann und weiß, dass er es kann, dem fällt es leicht und er kann einfach mit Pferden sprechen. Wer es nicht kann und weiß, dass er es nicht kann, dem gelingt es auch nicht, wenn er es versucht, und genau wie der Nichtschwimmer „säuft er ab". Bei beiden, dem Nichtschwimmer und dem Nicht-Motiva-Könner, ist aus diesem Grund der ungeschützte Versuch sehr gefährlich und kann schlecht enden.

Aus einem Nichtschwimmer einen guten Schwimmer zu machen oder sogar einen Rettungsschwimmer, braucht Zeit.

Um die Lernzeit beim Motiva zu verkürzen, und damit die Teilnehmer nicht zu lange warten müssen, bis sie den Weitblick erworben haben, filme ich zwischendurch solche Herdenbegegnungen, um sie hinterher zusammen mit den Seminarteilnehmern anzusehen. Da erschließt sich für alle genau das, was ich gerade erklärt habe. Man hatte die Hälfte aller Gesten nicht gesehen, nicht erkannt und realisiert. In der Zeitlupe und dem Standbild aber wird es ganz eindeutig. Weil jetzt jeder erkennt, worauf er achten muss, klappt die Beobachtung beim nächsten Mal schon besser, und immer mehr der gelernten Vokabeln bestätigen sich im gelebten Alltag der Pferde.

Eine Seminarteilnehmerin meinte zu mir: „Meine Stute wälzt sich grundsätzlich, wenn sie in die Reithalle kommt. Das hat nichts mit dem Rang zu tun. Sie wälzt sich, weil sie das für sich einfach will."

Ich sagte, dass ich anders denke, konnte die Frau aber nicht mit meinen Worten überzeugen. Sie ließ sich auf ein Experiment ein.

Ich meinte: „Sie wälzt sich nur deinetwegen."

Sie sagte: „Nein, unabhängig davon tut sie das."

Ich bat sie, das Pferd in die Halle zu führen, vom Strick loszumachen und die Tür von außen zu schließen, also nicht zusammen mit dem Pferd in der Reithalle sein. Das tat sie, und es passierte nichts, das Pferd ging umher und machte keine Anstalten, sich zu wälzen. Nach einer guten Weile ging sie das Pferd wieder abholen, als auch ihr klar war, dass es sich jetzt nicht mehr wälzen würde. Als sie die Halle betrat, legte sich die Stute ab und rollte sich über den Boden. Damit war meine These bewiesen und wieder „eine ungläubige Teilnehmerin bekehrt".

Den Seminarteilnehmern helfen diese Erfahrungen und Erkenntnisse sehr, schneller zu lernen und etwaiges Misstrauen, ob ich tatsächlich recht habe, abzubauen. Die althergebrachten Inhalte und Vorstellungen des traditionellen Pferdeflüsterns müssen korrigiert und zum großen Teil über Bord geworfen werden. Durch diese neuen Erfahrungen steigt die Motivation, sich voll in das Studium der echten Pferdekommunikation zu stürzen.

Weil ich mich gut erinnere, wie es mir selbst ging, nehme ich es den Teilnehmern nicht übel, wenn Sätze wie: „Das ist ja wirklich so, das habe ich anfangs nicht glauben und mir auch nicht vorstellen können", oder „Ich habe mir das viel simpler vorgestellt, das konnte man ja nicht ahnen", zu mir gesagt werden. Ich weiß das, und darum beweise ich es gerne.

6.3 FALLBEISPIELE

Je weiter ein Mensch in der Motiva-Lehre vorangeschritten ist, desto mehr kann er sich seinem Pferd verständlich machen und es verstehen. Solch eine Motiva-Einheit, die ich beschrieben habe, dauert je nachdem zwischen 15 und 30 Minuten. Es kann auch deutlich länger sein, man lässt sich unter Umständen zwischen den einzelnen Aktionen viel Zeit, so wie Pferde das in den Herden auch tun. Hier ist nur der inhaltliche Ablauf beschrieben. Bei allen Aktionen ist es nötig, das Pferd zu beobachten und im Gesamtausdruck wahrzunehmen. Das habe ich schon beschrieben. Davon hängt auch ab, wann man wie agiert, was als Antwort auf die Aussage des Pferdes am besten passt. Man hat als Mensch ein Gesprächsziel im Sinn, das bleibt auch pausenlos präsent.

Alles, was man ausdrückt, soll die beiden Gesprächspartner diesem Ziel näher bringen und daher weiß man selbst nicht, wie lange es dauern und was man sagen wird.

Bei fortgeschrittenen Teilnehmern sieht das dann ungefähr so aus:

Sandra, 40 Jahre, mit ihrer Fellponystute Annelie. Diese besitzt sie seit einigen Jahren, und die Stute ist in einer Ponyherde das Leittier.
Sandra führt das Pony in die Halle, schließt die Tür, geht zur Mitte des Motiva-Vierecks und halftert Annelie ab.

A: Will sich hinwerfen und wälzen.

S: Wirft ihr Seil und verhindert das, wälzt sich selbst an derselben Stelle.

A: Läuft erst weg, bockt einmal und schaut dann genau, was Sandra macht.

S: Steht auf, schüttelt sich, schnaubt ab und schlendert durch die Halle.

A: Geht ruhig an die Wälzstelle und beschnuppert diese.

S: Schaut weg, kümmert sich um andere Dinge.

A: Geht auch langsam auf den Hufschlag und kotet wenige Ballen, dreht sich um und schaut sich das genau an, beschnuppert die eigenen Exkremente und geht weg, während sie nach Sandra sieht.

S: Realisiert schon die Vorbereitung dazu und nimmt sich einen ihrer Baumwollklumpen, legt ihn sorgsam auf den Kothaufen, schnaubt ab, geht weg.

A: Geht weiter durch die Halle, am Kothaufen vorbei, bleibt stehen und beschnuppert den Baumwollklumpen, schaut zu Sandra, geht zu ihr hin, schnuppert an ihr, geht zurück, vergleicht den Geruch.

Es kommt zu einer kurzen Ruhephase, nachdenken, entscheiden…

A: Geht ruhig im Viereck hin und her und fängt an, einen Kreis zu gehen, den sie um Sandra laufen will.

S: Wirft ihr Seilende auf die Mitte des Pferdes und schiebt es dadurch nach außen; unterbindet, eingekreist zu werden.

A: Bleibt außen, fängt an zu traben.

S: Geht hinter sie und schickt sie mit Hüftschwung nach vorne.

A: Galoppiert an, läuft 2 Runden.

S: Stoppt Annelie in der Ecke.

A: Bleibt stehen und dreht die Kruppe nach innen, schaut mit dem Kopf nach außen.

S: Geht Richtung Hufschlag, schickt Annelie mit Seilwurf aus der Ecke.

A: Galoppiert wieder weg, 3 Runden.

S: Stoppt sie und prustet.

A: Hält an, prustet zurück.

S: Prustet noch mal.

A: Vorhandwendung, dreht Kruppe nach außen, senkt den Kopf, schnaubt ab.

S: Wendet sich ihr zu, dreht rechte Schulter nach vorne.

A: Kommt einen Schritt auf Sandra zu, bleibt respektvoll stehen und senkt den Kopf.

S: Geht hin und krault ihr Pferd, streichelt sie, und geht in die Hallenmitte.

A: Annelie kommt mit auf Schulterhöhe, bleibt bei Sandra in respektvollem Abstand.

Nach ausgiebigem Schmusen und Kraulen verlassen die beiden die Halle.

Abbildung 33: Sandra Thiel mit Fellponystute Annelie.

Carolin, 15 Jahre, mit großem Tinkerwallach Samson, 4 Jahre, freundlich aber ungestüm. Er wird von ihr ausgebildet, kann noch wenig, braucht noch Erziehung, lebt in der Wallachherde und gibt sich dort recht selbstbewusst bis rüpelhaft.

Die beiden kommen in die Halle, Carolin zieht Samson das Halfter aus, er steht ruhig dabei und bleibt dort stehen. Carolin formuliert das Ziel, ihn geschmeidig laufen lassen zu wollen, er wirkt beim Reiten zäh, nimmt die beschleunigenden Hilfen nicht an. Er läuft nicht vorwärts.

C: Geht einige Schritte von Samson weg und schickt ihn mit dem Seil.

S: Trottet 5 Meter weiter, bleibt stehen.

C: Geht wieder hinter ihn und dreht ihr Seil, um ihn nach vorne zu bewegen.

S: Schlendert auf den Hufschlag, schnuppert am Boden.

C: Dreht ihr Seil stärker und lässt es auf seiner Kruppe landen.

S: Er beschleunigt wenige Schritte und fällt wieder in den Trott.

C: Wiederholt das Gleiche heftiger.

S: Wiederholt sein Verhalten auch..

C: Schaut mich an, Verzweiflung im Gesicht, „das meine ich", sagt sie.

Wir lassen das Pferd in Ruhe. Kurzes persönliches Gespräch, Reflektion ihrer Lage, Erkenntnis, sie ist von sich nicht überzeugt, glaubt nicht, ihn zum Laufen bewegen zu können, setzt sich auch in anderen Lebenssituationen nicht durch. Nachdem sich für sie etwas geklärt, beziehungsweise sie es erkannt hat, neuer Versuch.

S: Steht irgendwo herum und schaut.

C: Geht von vorne auf ihn zu und schickt ihn weg, wendet ab.

S: Geht weg, langsam.

C: Kommt wieder, schickt wieder.

S: Geht schneller weg.

C: Kommt energischer.

S: Hinterhandwendung und einige Galoppsprünge.

C: Bleibt hinter ihm mit Seil.

S: Galoppiert außen herum.

C: Kürzt ab und sprintet auf seine Kruppe zu.

S: Bockt und rennt.

C: Stoppt ihn in der Ecke mit Prusten.

S: Prustet zurück, bleibt stehen.

C: Schickt ihn mit Seil eine weitere Runde.

S: Galoppiert wieder weg.

C: Stoppt ihn wieder in der gleichen Ecke mit Prusten.

S: Prustet nicht zurück, dreht sich zu Carolin hin.

C: Dreht sich auch zu ihm, beendet das Motiva, sie ist müde, sie geht in die Hocke.

S: Stellt sich zu ihr und stützt seinen riesigen Kopf auf ihr auf, er bewacht ihre Ruhe.

C: Steht auf und streichelt ihn.

Beide gehen in die Mitte und bleiben kurz stehen. Sie krault ihn, er macht ein Genussgesicht, und dann schaut sie zu mir, sagt, sie sei zufrieden, es ist gut gelaufen, sie fand es anstrengend. Samson hört zu und gähnt sie an. Sie lächelt, er gähnt 5-mal.

Er spürt ihren Stress, beschwichtigt sie, er meine es nicht böse, aber er ist nur teilweise korrigiert. Durch das Gähnen zeigt er Verständnis für Carolin, ist sich aber seiner Kraft sicher. In einer Herde wäre der Dialog nicht zu Ende. Weil er sich in der Situation untergeordnet hat und noch nicht erwachsen ist, belassen wir es für diesen Tag so.

Die beiden gehen noch ein wenig in Zweisamkeit und schmusen; die nächste Reitstunde ist besser, wir bleiben am Ball. Samson als Vierjähriger ist nicht erwachsen und wird noch einige Lernschritte absolvieren müssen. Carolin auch.

Abbildung 34: Carolin Langer mit 5-jährigem Tinkerwallach Samson.

179

Diana, 32, mit Legolas, Quarter-/Paint-Wallach, bei uns geboren. Der Wallach wurde von Diana aufgezogen, ist sehr gut erzogen und zugeritten, geht gehorsam unter dem Sattel und ist ein zuverlässiges Reitpferd. Er neigt dazu, zu erschrecken, er hat Vorbehalte gegen bestimmte neue Erfahrungen.

Die beiden kommen in die Halle, er wird freigelassen.

D: Ignoriert ihn, bringt Halfter weg.

L: Geht Halle anschauen, schnuppert auf der Erde.

D: Räumt mit Mistboy vergessene Kothaufen weg.

L: Sieht das und setzt einen frischen Kothaufen.

D: Nimmt einen Baumwollklumpen und legt ihn darauf, schnaubt ab.

L: Betrachtet das von weitem, dann von nahem und geht langsam durch die Halle, riecht an Diana und dann wieder an dem Klumpen. Er geht woanders hin und äpfelt ein zweites Mal.

D: Legt den nächsten Klumpen darauf.

L: Überprüft das und fängt an zu traben.

D: Beschleunigt ihn mit dem Seil von hinten.

L: Galoppiert an, wird von alleine deutlich schneller.

D: Lässt ihn einige Runden laufen und stoppt ihn dann.

L: Bleibt stehen und schaut sie nicht an.

D: Bleibt im Stopp stehen und markiert mit ihrem rechten Fuß.

L: Schaut hoch zu ihr, bewegt sich sonst nicht.

D: Schickt noch einmal mit Seil und lässt ihn eine weitere Runde laufen.

L: Rennt weg, versucht einen Handwechsel.

D: Duldet das nicht und stoppt ihn wieder.

L: Er bleibt stehen, schaut nicht auf und stellt sein rechtes Hinterbein auf der Zehenspitze ab.

D: Ahnt, er wird etwas ändern und schickt ihn, bevor er von alleine wegläuft.

L: Läuft weiter, wird langsamer.

D: Beschleunigt ihn durch Ansprinten und ignoriert ihn dann.

L: Hält inne, schaut, wo Diana ist, was sie macht.

D: Geht ruhig umher, sieht ihn nicht an.

L: Geht in ihr Blickfeld.

D: Wechselt ruhig die Richtung.

L: Zeigt an, sich wälzen zu wollen, tut es aber nicht.

D: Wälzt sich an der Stelle, die er sich ausgesucht hatte.

L: Schaut interessiert zu.

D: Bleibt auf dem Boden hocken.

L: Legt sich dazu, wälzt sich neben ihr.

D: Steht auf und schüttelt sich.

L: Steht auch auf und sie gehen auseinander.

D: Geht umher.

L: Er folgt ihr respektvoll und interessiert.

D: Bleibt stehen.

L: Bleibt stehen mit 4 Metern Abstand.

D: Schnaubt ab.

L: Richtet sich aus und macht einen Schritt im Seitengang auf sie zu.

D: Schnaubt ab.

L: Macht weitere Schritte im Seitengang sehr langsam mit Pausen, schaut Diana an, überprüft, ob sie einverstanden ist.

D: Geht den letzten Schritt auf ihn zu und krault ihn.

L: Schnaubt ab und macht Genussgesicht.

D: Streichelt ihn und hängt sich eine Decke über, vor der er immer Angst hatte.

L: Schaut sie an, nimmt den Kopf hoch, geht dann darauf zu, schnuppert an der Decke und bleibt dann dabei stehen.

D: Geht mit wehender Decke durch die Halle.

L: Kommt mit.

D: Legt die Decke über ihn.

L: Geht mit ihr und Decke auf dem Rücken durch die Halle.

D: Schnaubt ab, krault noch einmal, zieht ihm das Halfter an und verlässt die Halle.

Abbildung 35: Diana Quest mit Legolas.

Isabell, 33 Jahre, mit eigenem Tinkerstutfohlen Manati, 1,5 Jahre, geht nicht auf die Pferdewaage wegen unbekanntem Untergrund.

Weil sie noch so jung ist, wird ohne Absperrung die ganze Reithalle mit 40 m x 20 m genutzt. Sie soll sich gut fühlen und nicht eingeengt sein.

Isabell kommt in die Halle und zieht ihr das Halfter aus.

M: Läuft weg und schaut aus dem offenen Fenster.
I: Schickt sie mit Seil weg von der Position.
M: Rennt weg und kommt gleich wieder.
I: Schickt sie wieder und bleibt dahinter.
M: Galoppiert in der Halle.
I: Ignoriert sie, schaut weg.
M: Wartet eine Weile, geht irgendwohin und kotet.
I: Legt einen Baumwollklumpen darauf.
M: Überprüft das und kotet ziemlich sofort wieder an eine andere Stelle.
I: Markiert wieder darüber.
M: Läuft in der Halle 2 Runden und kotet zum 3. Mal.
I: Legt den nächsten Baumwollklumpen darauf.

M: Schnuppert daran, versucht, Isabell einzukreisen.
I: Verhindert das, geht aus dem Weg, will selbst einkreisen.
M: Kotet zum vierten Mal.
I: Hat keine Klumpen mehr dabei und nimmt ein Halstuch von sich zum Markieren.
M: Galoppiert wild umher, versucht wieder, aus dem Fenster zu schauen und um Isabell herumzulaufen.
I: Verhindert das.
M: Kann noch einen Apfel herauspressen.
I: Hat nichts mehr zum Markieren und nimmt ein Papiertaschentuch aus der Tasche, legt es darüber.
M: Ist beeindruckt und bleibt stehen. Kommt näher und neigt den Kopf mit Hals.
I: Schnaubt ab und geht zu ihr und krault sie.
M: Schnaubt auch ab, lässt sich durchkraulen, genießt es.

Danach verlassen die beiden die Halle. Wenige Tage später geht sie beim Wiegetermin nach einigem Zögern auf die Waage. (Abb. 36)

Ich könnte hier natürlich noch sehr viele Beispiele aus meiner jahrelangen Praxis erzählen. Von Mungo, einem Minishettyhengst, der vor dem Schlachten von uns gerettet wurde und völlig verängstigt war.

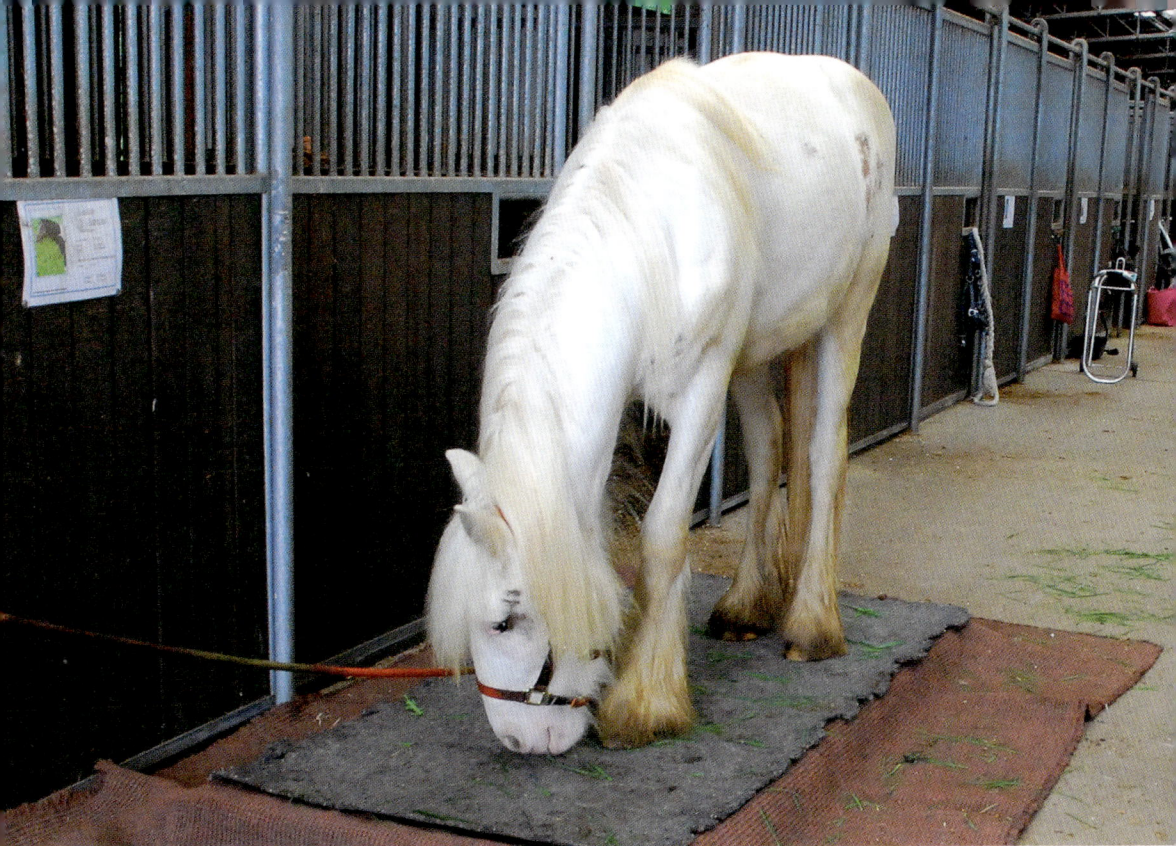

Abbildung 36: Manati steht nach Motiva ruhig auf der Pferdewaage.

Er hatte schlimme Hufe und ein Schmied war nicht längerfristig vermeidbar. Nach einer einzigen Motiva-Einheit gab er die Füße. Sie als Leser können denken, klar - Papier hält still, aber Sie haben die Möglichkeit, genau das selbst zu erfahren.

Zum Abschluss ist zu sagen, für das richtige Wort in der passenden Situation gibt es keinen gleichwertigen Ersatz. Um das in einem Dialog leisten zu können, braucht man neben einem scharfen Verstand Empathie für sein Pferd, Übung unter kompetenter Anleitung, und vielleicht die Leidenschaft für dieses Leben mit Pferden.

Auch wenn Ihr Pferd in seiner Vergangenheit Schlimmes erlebt hat, nicht oder falsch erzogen wurde, Sie selbst wie auch immer schlechte Erfahrungen gemacht haben mit Lehrern oder Pferden, finden Sie die Lösung der Probleme nicht in der Vergangenheit, sondern sie liegt vor Ihnen auf dem Weg, den Sie ab heute mit Ihrem Pferd gehen können.

Ich wünsche Ihnen, dafür die Begeisterung in sich zu spüren und das Potenzial in sich zu entdecken, das zu einem neuen, erfreulichen und wirklich herzlichen Umgang mit Ihrem Pferd führen.

SCHLUSSGEDANKEN

Sie haben das Buch jetzt fast zu Ende gelesen, und ich möchte zum Schluss noch einmal zwei mir wichtige Gedanken formulieren.

Sicher juckt es Sie in den Fingern, vieles davon auszuprobieren, was Sie gelesen haben und nachzuprüfen, ob ich recht habe, ob das auch mit Ihrem Pferd geht, ob es Sie wirklich versteht. Das kann ich nachvollziehen, dennoch muss ich noch einmal in aller Dringlichkeit warnen, solche Experimente zu machen. Jedes noch so brave Pferd hat sein Gewicht, seine Geschwindigkeit und seine Regeln, die es gnadenlos einsetzen wird, sobald man ihm vermittelt, dass sich hier die Gelegenheit dazu bietet. Solange Sie selbst noch in der Lernphase sind, sind Sie dem Ganzen alleine sicher nicht gewachsen, und es wäre gefährlich, eine Auseinandersetzung zu suchen, die an David und Goliath erinnert.

Also haben Sie Geduld, lassen Sie sich belehren und üben Sie mit einer Motiva-Lehrperson an Ihrer Seite. Zurzeit finden Seminare im Motiva-Training nur auf unserem Hof statt. Lassen Sie sich schulen, entweder für den Eigenbedarf oder beginnen Sie eine Ausbildung bei mir als Motiva-Trainer/in.

Um wirklich gut zu sein, alles richtig zu machen und Erfolg zu haben, braucht man eine lange Erfahrung, sehr viel Routine. Man muss die Pferde gewissermaßen durchleuchten können, um zu sehen, wie genau fühlen sie, was werden sie tun, für welches Ritual wird sich das Pferd entscheiden und welches biete ich ihm bei seiner Struktur an, damit es bestmöglich angesprochen wird. Dieses Können ist nicht anzulesen oder einfach nur abzuschauen. Es steckt mehr dahinter. Vielleicht lässt sich an einem Beispiel noch einmal sehr klar machen, was ich damit sagen will:

Vergleichen wir es mit Tanzen. Viele waren schon einmal in einem Tanzkurs oder verfolgen in den Medien Tanzshows, erleben dort mit, wie schwierig es ist, die entsprechenden Tanzschritte richtig zu machen, im Takt zu sein, die Fußarbeit, Armhaltung, Kopfhaltung, Gesichtsausdruck, Körperspannung zu beherrschen. All das muss pausenlos unter Kontrolle sein, und kleinste Körperbewegungen entscheiden über Richtig und Falsch. Man braucht Übung, Kondition und Geduld, bis man das alles beherrscht. Durch Zuschauen oder Nachlesen kann man Tanzen nicht lernen. Man muss selbst auf dem Parkett mit einem Tanzlehrer und unter dessen Anleitung üben. Selbst wenn man denkt, man hätte gerade alles richtig gemacht, weil es sich so anfühlte, wird man oft genug hören, dass es anders war. Die Selbstwahrnehmung kann täuschen. Der Tanzpartner, ein Mensch, lernt entweder mit oder hat zumindest Verständnis dafür, wenn der Tanzschüler in der Übungsphase Fehler macht und die Lektion immer wieder aufs Neue geprobt werden muss.

Beim Motiva ist das Gegenüber ein Tier. Dieses hat keine Vorstellung davon, dass wir Menschen gerade seine Sprache lernen wollen und dabei natürlich Fehler machen, Dinge nicht so meinen, wie wir sie gerade sagen. Da ist es noch wichtiger, den (Tanz-) Lehrer zu haben, der von außen sieht, was richtig ist und korrigiert. Man kann im geschützten Rahmen so lange üben, bis man es kann. Keiner weiß, wie schnell der Einzelne begreift, wie schnell er Tanzen oder Klavierspielen oder Tauchen lernen kann. Das hängt auch beim Motiva von der Begabung und dem Einsatz ab, der für dieses Lernen erbracht wird.

Wenn Sie also neugierig geworden sind, all das mit eigenen Augen sehen und erfahren wollen, dann haben Sie in unterschiedlichen Seminarangeboten auf unserem Hof die Möglichkeit dazu. Schauen Sie vorbei, gönnen Sie sich einen Einblick in die phantastische Welt der Pferdesprache und überzeugen Sie sich selbst davon, wie unfassbar nah man den Pferden und ihren Gefühlen kommen kann.

Er „leben" Sie es!

Der zweite mir wichtige Gedanke ist die Frage: Warum all das? Was macht das Motiva mit dem Pferd, kann man es nicht einfach lassen, es gibt doch schon so viele Ausbildungsmethoden auf dem Markt. Ja, die gibt es. All diese unterschiedlichen Methoden haben ihren Sinn, sofern sie dem Pferd gerecht werden; und jeder möge sich die heraussuchen, die ihm und seinem Pferd am besten liegt und mit der die beiden weiterkommen.

Motiva ist keine direkte Ausbildungsmethode, es ist die Lehre des Pferdekommunikationssystems und zusätzlich des menschlichen Vokabulars der Pferdesprache. Die Möglichkeit dieser artspezifischen Kommunikation verschafft uns den Zugang zu der Seele des Pferdes, zu seinen Gefühlen, zu seinem Innersten. Es schult den Menschen, friedfertig Konflikte zu lösen. Das Pferd als Spiegel des Menschen unterstützt unsere Selbstwahrnehmung. Die Pferdekommunikation schärft unsere Sinne für Ausdruck und Gefühl, Körperhaltung und Verhalten.

Stellen Sie sich einmal eine Mumie vor, mit all den vielen Wickellagen um den Körper. Innen ist der Mensch und darum herum wurde in vielen Schichten Leinen oder Tuch gewickelt, um das Innere zu präparieren. Viele Pferde haben sich durch ihr Leben, ihre Biographie seelisch gesehen auch mumifiziert, sie haben viele Lagen Schutzwall um sich gewickelt, um mit dem klarzukommen, was das Leben aus ihnen gemacht hat. Motiva bietet die Möglichkeit für Mensch und Pferd, sich zu *entwickeln*, langsam in dem Tempo, wie jeder das schafft, eine Lage, einen Schutzwall nach dem anderen abzuwickeln und sich tatsächlich immer freier zu fühlen und bewegen zu können. Mit jeder Lage, die man abgibt, kommt man dem Kern näher, näher an das Echte, an die Richtigkeit.

Motiva ist daher letztendlich viel mehr als eine Sprache, es ist eine Philosophie, eine Denkweise und Einstellung allem Leben, aber vor allem Pferden und Menschen gegenüber. Während der Mensch zu verstehen beginnt, hat er die Chance, das Leben und das Pferd zu begreifen, wirkliches Verständnis für sein Wesen zu erwerben. Es fördert die Sanftheit im Menschen und im Pferd, es fördert alle guten brauchbaren Eigenschaften und bestätigt das Richtige. Weil es die Sprache der Pferde ist, ist es natürlich gleichermaßen wichtig und geeignet, auch lebenslustige und gesunde Pferde besser zu verstehen und sie durch das Wissen, verstanden zu werden, höher zu motivieren, mit ihrem Menschen zusammen sein zu wollen. Es macht ihnen einfach mehr Spaß, mit einem Wesen zusammen zu sein, das seinesgleichen ähnlich ist und von dem es in seiner Welt, mit seiner Art und in seinen Worten verstanden wird.

▸ *Denn das ist es,*
  was Pferde wollen.

Glückliche, verstandene Pferde wollen sie sein, mit Menschen leben, die sie lieben, die sie artgerecht halten und behandeln.
So haben sie die Chance, uns Menschen zu lieben und uns treue Freunde zu sein und

▸ *Das ist es doch,*
  was wir Menschen wollen.

DANKSAGUNG

Als ich damals anfing, meine Erkenntnisse zusammenzutragen, entstand schnell die Idee, ein Buch darüber zu schreiben. An dieser Stelle möchte ich mich bei einigen Personen bedanken, die mit ihrem Einsatz die Entstehung von „Was Pferde wollen" unterstützt haben.

Vor allem danke ich meiner Familie, die das Schreiben hautnah mit allen Höhen und Tiefen miterlebt hat, Diana mit ihrer praktischen Hilfe und Rettung, als plötzlich der PC das ganze Manuskript verschlungen und gelöscht hat, und Isabell, die in ungezählten Stunden die vielen inhaltlichen Diskussionen mit mir führte und mich unermüdlich in meinem Schreiben unterstützte.

Ein besonderer Dank gebührt meinen „Gazellen", 6 Frauen, die auf unserem Hof seit Jahren Helferinnen sind, raten und stärken, wo es nottut, sich Urlaub nahmen, um mich zu vertreten und mir Freiräume zu schaffen. Ich habe das nie für selbstverständlich genommen und deshalb Dank euch allen:

Kerstin Eggert, Ulrike Henke, Ulrike Hüttemann, Anja Militschke, Marion Sander.

Danke Dir, Sandra Thiel, du hast zudem viele Frühstückszeiten mit Motiva-Themen mit mir geteilt und Anregungen gegeben. Du bist eine Pferdeversteherin, das beweist du jeden Tag in der Ausbildung der Shettys und deiner „jungen Reitschüler/innen" und im Umgang mit unseren Pferden.

Und zum Schluss danke ich noch meiner Freundin Sigrid, hier auch liebevoll die „Gärtnerin" genannt. Du hast mich von meiner ersten Reitstunde an begleitet, warst mit mir in all den Reitställen, wo wir teilweise sehr frustrierende Erfahrungen machten. Geduldig kamst du bei jedem Stallwechsel mit und verbrachtest mit mir zusammen viele Urlaube bei Familie Schlippe, weil ich mir das so wünschte. Du hast dich in geduldiger und kompetenter Weise immer wieder um unsere Hofanlage gekümmert, gemäht, gejätet und gepflanzt. Damit hast du mir nicht nur große Freude bereitet, sondern mir auch wesentliche Arbeiten abgenommen und mir so Zeiten geschaffen, die ich gerade in der Endphase des Buches nutzen konnte.

REFERENZEN

Da dieses Buch im Wesentlichen auf langjähriger Forschung, ureigenen Erfahrungswerten und damit auf meinem persönlichen Gedankengut basiert, stehen an dieser Stelle keine Quellenangaben im eigentlichen Sinne. Nachstehend seien jedoch die Werke einschlägiger Fachliteratur genannt, die mich bei meiner Arbeit – manche mehr, manche weniger, manche im positiven, manche im negativen Sinne – inspiriert haben.

Blake, H. (1977): *Mit Pferden denken – Pferde lenken.* Stuttgart: Albert Müller Verlag.

Blake, H. (1975): *Versteh dein Pferd.* Stuttgart: Albert Müller Verlag.

Blendinger, W. (1971) Psychologie und Verhaltensweisen des Pferdes. Heidenheim: *Erich Hoffmann Verlag*

Geitner, M. (2004): *Be strict – Denken wie ein Pferd.* Cham: Müller Rüschlikon Verlags AG.

Gohl, C. (2001): *Pferde verstehen.* Im Umgang beim Reiten: Körpersprache richtig deuten. Stuttgart, Franckh-Kosmos Verlags-GmbH & Co.

Grandin, T. (2006): *Ich sehe die Welt wie ein frohes Tier.* Berlin: Ullstein Buchverlage GmbH.

Hempfling, K.F. (2003): *Wenn sich Pferde offenbaren.* Stuttgart: Franckh-Kosmos Verlags-GmbH&Co.

Houghton Brown, J., Pillner, S. u. Powell-Smith, V. (1988) Pferde Management. **München:** BLV Verlagsgesellschaft.

Karl, P. (2000): *Reitkunst.* Klassische Dressur bis zur hohen Schule. München: BLV Verlagsgesellschaft mbH.

Krämer, M. (1998): *Pferde erfolgreich motivieren.* Stuttgart: Franckh-Kosmos Verlags-GmbH & Co.

Kutsch, A. (2007): *Die Pferdeflüsterin antwortet.* Bergisch Gladbach: Verlagsgruppe Lübbe GmbH & Co.

Liedloff, J. (1977): *Die Suche nach dem verlorenen Glück.* München: Verlag C.H. Beck.

Lorenz, K. (1973): *Die Rückseite des Spiegels.* Versuch einer Naturgeschichte menschlichen Erkennens. München: R.Piper & Co Verlag.

Mills, D. u. Nankervis, K. (2004): *Pferdeverhalten erklärt.* Cham: Müller Rüschlikon Verlags-AG

Schäfer, M. (1993): *Die Sprache des Pferdes.* Stuttgart: Franckh-Kosmos Verlags-GmbH & Co.

Schmelzer, A. (2004): *So lernt mein Pferd.* Brunsbeck: Cadmos Verlag.

Schöning, Dr. B. (2008): *Pferdeverhalten.* Stuttgart: Franckh-Kosmos Verlags-GmbH.

Schulz, B. (1999): *Flüstern allein genügt nicht.* Königsstein: Ulrike Helmer Verlag.

Thein, Prof. Dr. P. (2000): *Handbuch Pferd.* München: BLV Verlagsgesellschaft.

Truckenbrodt u. Fiegler (2004): *Von Pferden lernen.* München: BLV Verlagsgesellschaft.

Trumler, E. (1998): *Trumlers Ratgeber für den Hundefreund.* München: Piper Verlag GmbH.

Trumler, E. (1998): *Mensch und Hund.* Mürlenbach/Eifel: Kynos Verlag.

Trumler, E. (1992): *Der schwierige Hund.* Mürlenbach/Eifel: Kynos Verlag.

Trumler, E. (1989): *Hunde ernst genommen.* München: Piper Verlag GmbH.

Watzlawick, P., Beavin, J.H. u. Jackson, D.D. (1969): *Menschliche Kommunikation.* Bern: Verlag Hans Huber.

Watzlawick, P., Beavin, J.H. u. Jackson, D.D. (1990): *Menschliche Kommunikation.* Bern Verlag Hans Huber.

Welz, H. (2002): *Pferdeflüstern kann jeder lernen.* Stuttgart: Franckh-Kosmos Verlags-GmbH & Co.

Winterhoff, M. (2008): *Warum unsere Kinder Tyrannen werden.* München: Random House GmbH.

Zimen, E. (2000): *Der Wolf.* Verhalten, Ökologie und Mythos. München: Knesebeck Verlag.

Zeitler-Feicht, M.H. (2001): *Handbuch Pferdeverhalten.* Ursache, Therapie und Prophylaxe von Problemverhalten. Stuttgart: Eugen Ulmer GmbH & Co.

Zell, Dr. Th. (1919): *Tierbeobachtungen.* Stuttgart: Franckh'sche Verlagshandlung.

Zell, Dr. Th. (1919): *Das Pferd als Steppentier.* Neue Erklärungen mancher Eigentümlichkeiten des Pferdes. Stuttgart: Franckh'sche Verlagshandlung.

ÜBER DIE AUTORIN

Gertrud Pysall interessiert sich seit ihrer Jugend für Verhaltensforschung bei Tieren. Seit über 20 Jahren beschäftigt sie sich vorwiegend mit dem Verhalten von domestizierten Pferden. 1990 gründete sie mit ihrem Mann ihre erste Reitschule. 1994 erwarben sie einen größeren Hof. Aktuell leben sie dort mit ca. 70 Pferden und Ponys.

Es entstand eine Reitschule der besonderen Art. Hier begegnen sich Menschen, Menschen den Pferden und Pferden den Menschen.

Gertrud Pysall erforscht seit nunmehr 18 Jahren die Sprache und das Sozialverhalten von domestizierten Pferden, sowohl untereinander als auch den Menschen gegenüber. Die wechselseitige Beziehung beeinflusst Mensch und Pferd im Verhalten und Ausdruck.

Fasziniert von dem feinen und facettenreichen Kommunikationssystem der Pferde, widmete Frau Pysall der Erforschung dieses Systems viele Jahre. Sie entschloss sich, dieser Kommunikation auf den Grund zu gehen und sie auch für den Menschen erlernbar und ausdrückbar zu machen. Damit schuf sie die Möglichkeit, in einer bisher nicht gekannten Form mit Pferden in Kommunikationskontakt zu treten.

In ihren Seminaren macht sie dieses Wissen allen interessierten Menschen mit Erfolg zugänglich.

KURSE DER AUTORIN:

- Motiva Kurse für Einsteiger
- Motiva Grundkurse
- Motiva Aufbaukurse
- Ausbildung zum/zur Motivatrainer/in
- Kurse: Bewegte Gefühle

Infos: www.motiva-training.de

INDEX

Tim Couzens

Das Pferde-Homöopathie-Buch

Ein Fachbuch für Therapeuten und Pferdebesitzer

580 Seiten, geb., € 58.-

Das wohl umfangreichste Werk über die homöopathische Therapie von Pferden. Tim Couzens, praktizierender Tierarzt und Homöopath aus Großbritannien, geht in bisher einmaliger Ausführlichkeit auf die ganze Bandbreite von Pferdekrankheiten ein und beschreibt detailliert die wichtigsten Arzneimittel bei den einzelnen Symptomen und klinischen Indikationen. Besonders wertvoll ist die Pferde-Materia-Medica, die in Umfang und Beschreibung auch „kleiner" Mittel bisher einmalig ist.

Das Buch beginnt mit einer kurzen Betrachtung der Geschichte der Homöopathie und ihrer Wirkungsweise, einer Beschreibung der wichtigsten Konstitutionstypen beim Pferd sowie Erläuterungen zur Auswahl des Arzneimittels, zur Wahl der Potenz und zur Dosierung bezogen auf den jeweiligen Fall.

Im zweiten Teil werden die verschiedenen Organsysteme mit ihren häufigsten Problemen und den dazu passenden Mitteln umfassend dargestellt. Der dritte Teil beinhaltet eine äußerst detaillierte Materia Medica zur homöopathischen Behandlung von Pferden.

Vicki Mathison

Homöopathische Mittelbilder für Tiere

Mit Homöopathie und Naturheilkunde

Die 60 wichtigsten Mittel für Tiere in Wort und Bild

136 Seiten, geb., € 39.-

60 homöopathische Mittel für Tiere dargestellt mit köstlichen Karikaturen und treffenden Leitsymptomen – selten hat das Studium von Arzneimittelbildern so viel Spaß gemacht.

Die neuseeländische Tierhomöopathin Vicki Mathison vereint in diesem Werk künstlerisches Können mit tiefer Feinfühligkeit für das Wesen der Tiere und das passende Mittel.

Anke Henne
Blutegeltherapie bei Tieren

Methodik, Indikationen und Fallbeispiele

120 Seiten, geb., € 29.-

Die Blutegeltherapie beim Menschen ist eine etablierte Behandlung, die durch zahlreiche Studien belegt ist.

Erstmals beschreibt in diesem Werk die erfahrene Tierheilpraktikerin Anke Henne die Anwendung von Blutegeln beim Tier. Sie gibt eine systematische, leicht nachvollziehbare Anleitung und beschreibt eindrückliche Heilungserfolge bei schweren, oft chronischen Erkrankungen.

Neben einer ausführlichen Einführung zur Biologie und Wirkweise werden Haltung und Handhabung des Blutegels erläutert. Detailliert werden Anamnese und Aufklärung, das Anlegen des Blutegels sowie Nachsorge, mögliche Nebenwirkungen und Kontraindikationen dargestellt.

Im Hauptteil des Buches werden verschiedenste Anwendungsmöglichkeiten beim Tier besprochen. Besonders bewährt hat sich die Therapie bei der sonst oft therapieresistenten Hufrehe des Pferdes. Zum Einsatz kommen Blutegel u.a. bei Hund und Katze, beim Pferd und beim Schwein.

Das Buch ist reich bebildert, die Anwendung wird praxisnah anhand vieler Fallbeispiele erläutert - ein vielversprechendes Grundlagenwerk.

Richard Pitcairn
Natürliche Gesundheit für Hund und Katze

Mit Homöopathie und Naturheilkunde

500 Seiten, geb., € 39.-

Richard Pitcairn ist der wohl bekannteste homöopathische Tierarzt in den USA und verfügt über mehr als 30 Jahre Erfahrung auf seinem Gebiet. In seinem Werk vermittelt er wertvolle Tipps aus seinem großen praktischen Wissen, von der homöopathischen Behandlung über naturheilkundliche Hinweise bis zur eigenen Herstellung von gesunden Leckereien für die Vierbeiner.

Im ersten Teil des Buches erläutert Dr. Pitcairn die Voraussetzungen für die Gesunderhaltung der Haustiere. Im zweiten Teil listet Dr. Pitcairn die häufigsten Erkrankungen von Hunden und Katzen und deren homöopathische und naturheilkundliche Behandlung.

Gilberte Favre

Homöopathie für Schafe

Ein praktisches Handbuch zur Behandlung der wichtigsten Krankheiten und Verletzungen

328 Seiten, geb., € 39.-

Gilberte Favre verfügt über langjährige Erfahrung in der homöopathischen Behandlung von Schafen. Im vorliegenden Werk gibt sie ihr reichhaltiges Wissen auf diesem Gebiet weiter.

Von Aggressivität, Ängstlichkeit und Dauerblöken über Kriebelmücken, Husten und Atemnot, Unfruchtbarkeit, wiederholte Aborte und Mastitis bis zu Darmpech der Lämmer, Lahmheit und Beschwerdem nach schimmligem Futter – die Autorin erläutert detailliert die gesamte Bandbreite von typischen Erkrankungen der Schafe und deren homöopathische Therapie. Zusätzlich gibt sie wertvolle naturheilkundliche Hinweise, die sich in der Praxis bei Schafen bewährt haben. Als Hilfestellung zur passenden Mittelwahl beschreibt sie außerdem das Wesen der Schafe, ihre Konstitutionstypen und das Interpretieren ihrer Körpersprache.

Rosina Sonnenschmidt

Heimtiere ganzheitlich behandeln

Mit Homöopathie, Bach-Blüten, Farb- und Klangtherapie

300 Seiten, geb., € 39.-

Ob für Vogel, Hund, Katze, Meerschweinchen, Hase oder Koi, hier findet jeder Tierhalter bewährte Rezepturen mit Homöopathie und Bachblüten, um seinem Heimtier etwas Gutes zu tun, wenn es sich mal nicht wohl fühlt.

Tiere reagieren auch positiv auf Farben und Klänge. Der Ratgeber gibt viele Anweisungen, wie man auf einfache Weise Farblicht- und Klangtherapie durchführen kann, eine Sterbebegleitung gestaltet, seine sensitive Tier-Kommunikation schult und die Hände heilend auflegen kann.

Bewährte Indikationen: Stressbelastung, Unfruchtbarkeit, Sterbebegleitung, Hautprobleme, Immunschwäche, Kommunikationsprobleme, Aggression, Alter, Notfall, Jungenaufzucht u. v. a.

Blumenplatz 2, D-79400 Kandern
Tel: +49 7626-974970-0, Fax: +49 7626-974970-9
info@narayana-verlag.de

In unserer Online Buchhandlung

www.narayana-verlag.de

führen wir alle deutschen und englischen Homöopathie-Bücher.

Es gibt zu jedem Titel aussagekräftige Leseproben.

Auf der Webseite gibt es ständig Neuigkeiten zu aktuellen The-
men, Studien und Seminaren mit weltweit führenden
Homöopathen, sowie einen Erfahrungsaustausch bei
Krankheiten und Epidemien.

Ein Gesamtverzeichnis ist kostenlos erhältlich.